大禹手绘系列丛书

景观手绘教程

李永　钟克维　党炜琛　著

中国水利水电出版社
www.waterpub.com.cn
·北京·

内容提要

本书为大禹手绘系列丛书之一，是对景观手绘进行全面解析的综合教程，以景观手绘方法为基础，解决景观手绘难点为目标，提升景观手绘水平为宗旨。本书包含景观手绘表现基础、植物单体与材质表现、马克笔上色基本技法、景观平立面图表现、景观草图表现、景观效果图绘制表达、景观效果图评析、大禹手绘基础部优秀师生作品欣赏、大禹手绘快题部优秀师生作品欣赏、景观规划常用尺度、读书笔记欣赏，共11个章节，内容由浅入深，全面详细。相信通过本书的学习，能够拓宽读者的设计思路，并使景观设计方案表达能力和图面表现能力得到全面提升。

本书可供景观、规划、建筑等设计类专业低年级同学了解手绘、高年级同学考研备战，也可供手绘爱好者及相关专业人士参考借鉴。

图书在版编目（CIP）数据

景观手绘教程 / 李永，钟克维，党炜琛著. -- 北京：中国水利水电出版社，2017.5
（大禹手绘系列丛书）
ISBN 978-7-5170-5434-4

Ⅰ. ①景… Ⅱ. ①李… ②钟… ③党… Ⅲ. ①景观设计－绘画技法－高等学校－教材 Ⅳ. ①TU986.2

中国版本图书馆CIP数据核字(2017)第116254号

丛 书 名	大禹手绘系列丛书
书　　名	景观手绘教程 JINGGUAN SHOUHUI JIAOCHENG
作　　者	李永　钟克维　党炜琛　著
出版发行	中国水利水电出版社
	（北京市海淀区玉渊潭南路1号D座　100038）
	网址：www.waterpub.com.cn
	E-mail: sales@waterpub.com.cn
	电话：(010) 68367658 (营销中心)
经　　售	北京科水图书销售中心 (零售)
	电话：(010) 88383994、63202643、68545874
	全国各地新华书店和相关出版物销售网点
排　　版	中国水利水电出版社微机排版中心
印　　刷	北京博图彩色印刷有限公司
规　　格	200mm×285mm　16开本　11.75印张　217千字
版　　次	2017年5月第1版　2017年5月第1次印刷
印　　数	0001—4000册
定　　价	**68.00元**

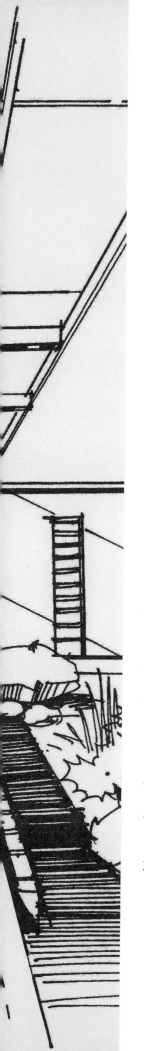

序

　　笔者从事手绘教育事业已有七年之久，在此期间，有茫然也有惊喜，有痛苦也有欢乐，但这就是事业。感谢这些年来陪伴在自己身边的兄弟姐妹，没有他们的指点与鼓励，就不会有自己今天对于手绘如此深刻的认识。

　　随着当今社会的发展，景观设计越来越精细化、规范化和快速化，设计者的手绘功夫也越来越受到社会各界人士的重视，手绘机构也如雨后春笋般地不断涌现出来。面对众多的手绘培训机构，很多在校生或手绘爱好者可能会感到迷茫，不知哪家培训机构才能真正让自己的手绘水平得到快速提高。为此笔者著此一书，希望能够给读者一定的帮助与引导。

　　手绘是什么？手绘是设计的一种最直白、最直接、最形象的表达方式，它能够让你想表达的理念清晰地通过图画使读图者一目了然。同时它也是设计师必须具备的能力（绘图表达能力、设计方案能力、项目组织能力），通过手绘也能够推敲出更加合理与丰富的建筑与空间的三维关系。

　　在学习本书之前，我们应该对于手绘有一定了解：①手绘是理性的表达，它与速写不同，速写更偏感性，心情好与不好时画出来的速写可能是截然不同的；②手绘学得与学生本身的素描功底没有必然联系，学生的素描好不一定手绘就好，但是素描功底对手绘有一定的促进作用；③手绘不是一蹴而就的事情，它不是 1 天 100 张的训练就能提高的，而是需要 100 天 100 张的训练；④每位学生在练习手绘的过程中都会有一个瓶颈期，在这个时候不要着急，更不要认为自己退步了，其实这是你要进步的时候了。希望这些经验总结能够让你对手绘有一个初步的认识。

　　在教学过程中，我经常教导学生们，画手绘就像谈恋爱，首先你要对他／她好，认真地对待每一张你画的图，每一个细节都不要放过，其次要坚持不断地去画，熟能生巧，久而久之自然也就会画了。

　　那么，请从现在开始，结合本书的教学方法与思路步骤，每天坚持练习，不断思索与探寻，相信你的手绘水平可以得到迅猛提升！

李永

于武汉

2016 年 10 月

作者简介

李永

　　大禹手绘武汉校区教学部主任、副校长，景观、规划基础部负责人，大禹手绘金牌讲师。拥有七年教学经验，在全国培养了数万名优秀手绘学员，获得学员们的一致好评。毕业于新疆艺术学院，是中国室内装饰协会会员。作品《回家》获第二届新疆艺术展二等奖；作品《灯光艺术》获大学生创意一等奖。作为大禹手绘系列丛书出版负责人之一，参与了大禹景观类教材第一、第二、第三次的改版。

钟克维

　　大禹手绘武汉校区校长，建筑、景观基础部教研主任，毕业于西安美术学院。从业五年来培养了大批手绘优秀人才，教学生动、富有激情，深受学生们的喜爱。2013 年，任职于中大建筑设计研究院，同年被评为大禹手绘精品讲师。2014 年，参与《大禹手绘——建筑手绘》一书选编，同年参加校园设计大赛获一等奖，2016 年获大禹金牌讲师荣誉称号。

党炜琛

　　毕业于西安美术学院，现任大禹手绘武汉校区教学主管、景观基础负责人。从业两年以来一直致力于大禹手绘景观基础课程的不断完善。2013 年任职于金螳螂室内装饰设计公司并参与项目设计，2014 年获手绘设计大赛"总统家杯"优秀奖，2016 年参与出版《大禹手绘景观基础资料集》。

目　录

序

作者简介

第1章 景观手绘表现基础

1.1 如何掌握手绘

回答此问题之前我们先要知道学习手绘有一个过程：①从积累素材到抄绘写生、理解方案，是前期积累的过程；②从学会表达到可以绘制优秀的手绘效果图，是绘图能力提升的过程；③从设计手绘图到最终设计方案的确定，是培养设计思维的过程，这也是设计师最核心的技能。所以要学好手绘并用好手绘也不是一件简单的事情。

其实对于即将考研的同学而言，面对"如何学好手绘"这个问题，很多培训班的主讲老师回答说：画，只要你不断坚持去画就能够学好。其实笔者并不这样认为，我们在画的同时需要有人引导，有人教会你一些方法与技巧，再加上你的勤奋练习，这样才能最高效地学好手绘。学习手绘其实就是一场持久战，你坚持到最后了，你就胜利了。我们在学习手绘时，其实最重要的是手绘方法与步骤，如果你在画图的时候不知道你画的每一根线条所表达的内容，那么你就像一只无头苍蝇，最后也就不知道自己画的是什么了。最后，学习手绘还需要你有开朗的性格，有些同学比较内敛，很少跟人交流绘画技法，总是一个人躲在角落里面练习，殊不知多与他人沟通交流会让你的手绘进步神速。

总之，手绘除了要持之以恒，更重要的是要知道它的绘画技巧与步骤。

1.2 手绘工具与用笔要点

1.2.1 常用工具

1. 常用画笔（图 1.2.1）

（1）铅笔。最好使用自动铅笔，建议选择 2B 的铅芯，否则纸上会有划痕。

（2）针管笔。通常选用一次性针管笔，型号选择 0.1、0.2 最佳，三菱或者樱花皆可。初学者前期可以使用晨光会议笔，其优点在于价格便宜，性价比高。切记不可选用水性笔、圆珠笔。

（3）钢笔。可选择红环或者菱美牌美工钢笔，适合画硬朗的线条。切记不可用普通的书法美工钢笔。

（4）草图笔。可选择用日本派通鸭嘴笔，粗细可控，非常适合画草图。

（5）马克笔。初学者可选用国产 Touch3 代或者 Touch4 代马克笔，价格便宜，但出水较多不易控制。也可选用法卡勒马克笔。有一定经济条件且手绘基础较好的同学可以选择 My Color、三福霹雳马、AD 等品牌的马克笔。

（6）彩色铅笔。一般选择辉柏嘉 48 色彩铅笔或者酷喜乐 72 色水溶性彩色铅笔均可。施德楼的 60 色彩色铅笔效果非常不错。

（7）高光笔。可选择三菱牌修正液加樱花牌提白笔。

（a）铅笔	（b）针管笔	（c）晨光会议笔
（d）钢笔	（e）草图笔	（f）马克笔
（g）彩色铅笔	（h）高光笔	

图 1.2.1　常用画笔

2. 常用纸张（图 1.2.2）

（1）白纸。白纸色泽白，纹理细致，易于突出钢笔线条，以及马克笔和彩铅的亮丽色彩。

（2）拷贝纸。拷贝纸纸质细腻、半透明、方便携带、快速高效。由于拷贝纸纸质较软且半透明，所以一般使用较软质的铅笔、彩铅和墨线笔绘图和选择，使用过硬的铅笔容易将纸面划破，马克笔在拷贝纸上上色后颜色暗淡，笔号需要经过试验和选择。

（3）硫酸纸。硫酸纸比拷贝纸平整厚实，相对比较正式，半透明、表面光滑。由于纸质透明，马克笔在硫酸纸上色后颜色暗淡，笔号需要经过试验和选择。

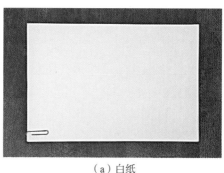

（a）白纸

（b）拷贝纸

（c）硫酸纸

图1.2.2　常用纸张

3. 其他绘图工具（图1.2.3）

　　除了纸、笔，在绘图时还需要橡皮、三角板、丁字尺、裁纸刀、颜料盘等辅助工具。

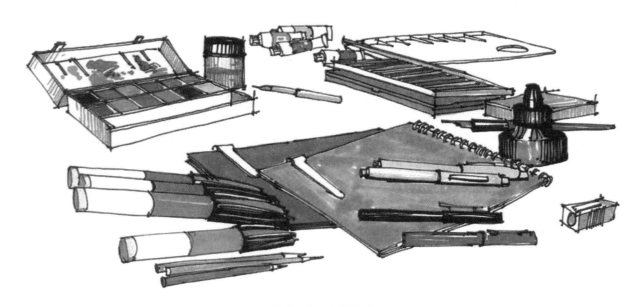

图1.2.3　常见画材

1.2.2　用笔要点

　　握笔姿势（图1.2.4）通常有以下三个要点需要掌握。

　　（1）笔要放平，尽量平于纸面。这样线条容易控制，也能用上力量。

　　（2）笔杆与画的线条要尽量成90°直角。这个不是绝对直角，只要尽量做到即可，也是为了更好地用力。

　　（3）手腕不要活动，要靠手臂运动来画线。画横线的时候运用手肘来移动，竖线可以转成横线去画，短的竖线则可以通过移动手指直接去画。

图1.2.4　握笔姿势

另外要注意：线条的长短是受手指、手腕、肘和肩膀的运动所控制的，大多数线条，哪怕是短线条，可以用臂力来画，也应该用臂力来画，以肩膀作为支点，这样画出的线条利落而真实。也可以用小指的一侧作为稳定点，手在这个稳定点上滑动。

1.3 手绘表现形式与表现方法

1.3.1 淡彩勾线法

淡彩勾线法是一种以线条来表现室内结构轮廓，以淡彩来表现室内气氛的方法。线可以用钢笔线、铅笔线等各种颜色的线条，一般选用与淡彩相协调的重色勾线，色彩可用水彩、水粉、国画色、透明水色、马克笔、彩铅等。绘制方法上可先通过不同线型勾画结构，分出明暗，然后上淡彩。也可以先上淡彩后勾线。着色时可有浓浓变化，简单表现出室内主要色调及明暗关系。如图 1.3.1 所示。

图 1.3.1　淡彩勾线法佳作欣赏

1.3.2 平涂法

平涂法是用水粉来表现图画，是一种真实感较强，视觉感及绘画性较好的一种表现手法，明暗层次清晰。色彩质感逼真，在手绘效果图中使用较多。绘制方法为先平涂室内各界面的固有色调，再画深色暗部，最后画出高光线型。如图 1.3.2 所示。

图 1.3.2　平涂法佳作欣赏

1.3.3　喷绘法

喷绘法是用喷笔及压缩泵充气喷色的一种方法，在完成底稿的基础上，用透明模板做遮挡，然后进行喷绘。用喷绘法绘制的图画表现色彩柔和，明暗层次细腻自然。且喷的遍数越多，色彩越丰富，如图1.3.3 所示。在喷绘过程中需注意掌握好喷笔与画面距离的远近。喷绘完毕后，喷笔要清洁干净以免下次堵塞。

图 1.3.3　喷绘法佳作欣赏

1.3.4　马克笔法

马克笔是一种带有各色染料甲苯溶液的绘图笔，有粗细之分，色彩系列丰富，达120多种，并有金、银、黑、白等色，作画时利用纸张的性质来发挥特有的笔触，需用笔肯定。用马克笔绘制的图画不宜修改，因此需要绘图者在表达前做到心中有数。马克笔表现形式多样，是手绘效果图中既快又方便的表现工具，固使用比较普遍。如图1.3.4所示。

图 1.3.4　马克笔佳作欣赏

1.3.5　彩色铅笔法

画彩铅效果图需选用笔芯硬度好、色彩浓的彩色铅笔，其特点为所含油质成分少，可自由重复及混合。用彩色铅笔表现效果图时，需注重铅笔排线的方向与疏密关系，彩色叠加的丰富度。彩色铅笔可单独表现效果图，也可以与淡彩相结合，既可产生渲染的效果又不失线条的挺括，表现效果独具特色。如图1.3.5所示。

图 1.3.5　彩色铅笔法佳作欣赏

1.4 线条练习技巧

线条不仅具有语言、文字所共有的说明、记录、叙事、交流、抒情等功能，更具有语言、文字不具备的形象、直观、简练和容易理解、方便操作等特点，因此成为信息时代人们相互交流和表达的"第三语言"，广泛应用于学习与生活之中。

1.4.1 直线

直线是手绘中应用最广泛的线，也是最主要的表达方式。直线分快线和慢线两种。慢线相对容易掌握，多用来画写生速写，比较适合细节刻画，所以画的速度相对较慢。慢线表现颇具意境，国内有很多手绘名家都是用慢线来画图的。快线所表现的画面比慢线更具视觉冲击力，画出来的图更加清晰，硬朗，富有生命力和灵动性，充满设计感，比较适合快速表现，但是较难把握，需要大量的练习和不懈地努力才能练好。

画快线的时候，要有起笔和收笔。画线的时候先确定"点"的位置，起笔的时候，从一个点出发，把力量积攒起来，蓄势而发，同时可以利用运笔来思考线条的角度、长度。当线画出去的时候，速度不要过快，应当平稳地、有力地连接到另一个点，最后收笔时应当准确地落到点上，但允许有些许误差，如图 1.4.1 所示。当然，后期熟练以后也可以把线"甩"出去，这样可以使画面显得轻松随意，不会过于拘谨，如图 1.4.2 所示。注意：起笔可大可小，根据每个人的习惯而定，这个不是绝对的，只是不宜过分强调起笔，如图1.4.3所示。

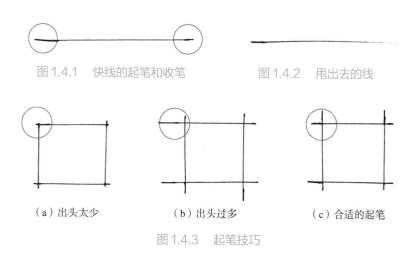

图 1.4.1　快线的起笔和收笔　　　　图 1.4.2　甩出去的线

（a）出头太少　　　　　（b）出头过多　　　　　（c）合适的起笔

图 1.4.3　起笔技巧

大禹手绘系列丛书　景观手绘教程

竖线比横线更加难掌握，为了降低作图难度，提高作图效率，可以在画图时调整画板角度，从而将竖线转化为横线去画。

1.4.2　曲线

曲线是学习手绘表现过程中的一大难点。曲线使用广泛，且运线难度高，在画线的过程中，熟练灵活地运用笔和手腕之间的力量，可以表现出丰富、活泼的线条，如图 1.4.4 所示。

画曲线的速度要根据图面情况而定，相对简单的图可以用快线来表现。如果是比较细致的效果图，为了避免画歪、画斜而影响到画面的整体效果，我们可以选择用慢线的方式来画。

图 1.4.4　曲线

1.4.3　乱线

在刻画植物、材质纹理的时候，我们会用到一些乱线的处理方式，乱线并不是毫无章法的胡乱涂画，而是用看似随意的线条塑造出生动的形体，如图 1.4.5 所示。

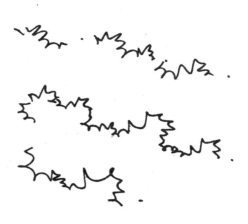

图 1.4.5　乱线

　　线条是快速表现的基础，是造型元素中最重要的元素之一。线条看似简单，实则千变万化。快速表现主要强调线的美感，线条的变化包括快慢、虚实、轻重、曲直等关系。线条要画出美感，画出生命力，需要大量地练习。快速表现要求的"直"是感觉和视觉上的"直"，甚至可以在曲中求直，最终达到视觉上的平衡就可以了，如图1.4.6、图1.4.7所示。

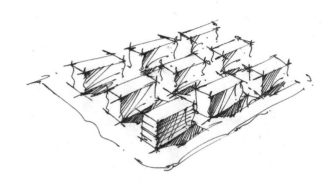

图1.4.6　慢线条的徒手表现

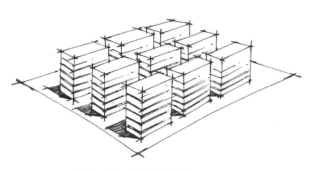

图1.4.7　快线条的徒手表现

1.5　透视原理

1.5.1　透视的定义

　　透视源于拉丁文"perspclre"（看透），指在平面或曲面上描绘物体的空间关系的方法或技术，它具有科学的严谨性。分析透视关系是我们画图过程中最重要的一个环节，设计类专业的学生在大学期间都有透视学相关的课程，但是手绘中的透视和我们所了解的透视是有一定区别的。首先，大家需要了解，设计师画手绘图的目的往往是为了将自己脑海中最初的想法诉诸笔端，作为手绘图来说，透视并不需要非常准确，因为徒手表现是对设计思维进行探索性表达和对设计效果进行预期表现的一种快速绘图手法，具有一定的自由性，所以徒手绘制的透视是无法去比拟电脑软件的。那么是不是说手绘中的透视关系只要随便练一下就可以呢？不是这样的，这里所说的透视不需要很准确，是因为有很多人由于太纠结于透视的问题，而忽略了手绘最重要的感觉。但是，我们的透视绝对不能出错。如果一张图的透视错了，那么无论线条再生动，色彩再绚丽，都是一幅失败的作品。如果说线条是一张画的皮肤，色彩是一张画的衣服，那透视一定是这张画的骨骼，其中的主次关系，大家一想就已经明了了。那怎样才能够做到透视不纠结，又不出错呢？通过一些基础的理解和训练，是完全能够提高这方面能力的。

1.5.2　最常用的透视

透视的三大要素分别为线性透视、空气透视和隐形透视，简单来说就是近大远小、近明远暗、近实远虚。手绘图的线稿部分，主要是运用近大远小这个要素。

手绘图中常用到的透视有一点透视、两点透视和三点透视，其中前两者最常用。

1. 一点透视

一点透视又称为平行透视。其特点是简单、规整，表达图面全面。绘制一点透视图时需要记住一点，那就是一点透视的所有横线绝对水平，所有竖线绝对垂直，所有带有透视的斜线相交于一个灭点。如图1.5.1所示，立方体的前后两条竖线实际上是一样长的，但是由于透视的原因，我们看到的情况是离我们近的一条线较长，远的一条线较短。同理，其他的竖线也都是一样长的，只不过在我们的视线里它们越来越短，最后消失于一个点，这个点就叫灭点。正是因为有了近大远小的透视关系，我们才能够在一张二维的纸面上塑造出三维的空间和物体，如图1.5.2所示。

一点透视表现范围广，纵深感强，适合表现一些庄重、严肃的室内空间，但缺点是比较呆板，手绘效果不是很理想，所以我们在一点透视的基础上又衍生出了一点斜透视，如图1.5.3所示。

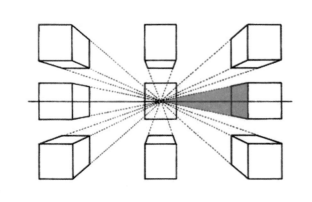

图1.5.1　一点透视1

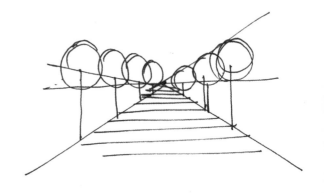

图1.5.2　一点透视2

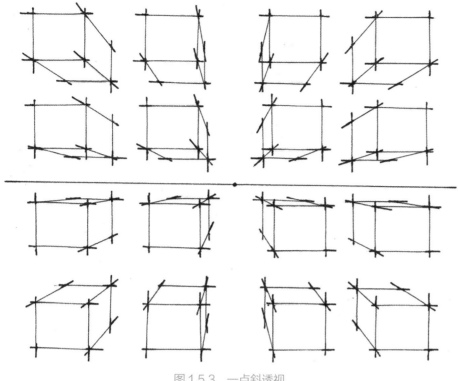

图 1.5.3　一点斜透视

2. 两点透视

　　两点透视又称为成角透视。两点透视是手绘图中最常用的透视方法，其优点在于比较符合人看物体的正常视角，因此塑造出来的图面也最为舒服。但两点透视的难度远大于一点透视，错误率也相对较高。想要画好两点透视，就一定要找准灭点的位置，而这需要大量的线条和透视训练。如图 1.5.4、图 1.5.5 所示。

　　注意：① 确定视平线保持水平，不能歪斜；② 画面中的两个消失点，在同一视平线上，所有的透视线都消失于那两个点。所有的竖线均保持垂直。

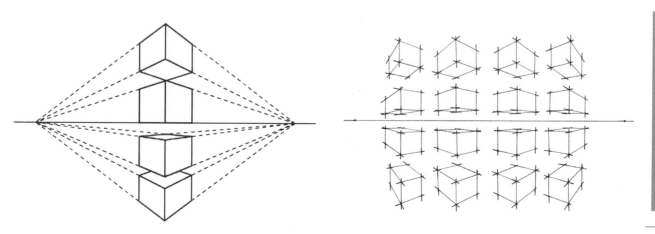

图 1.5.4　两点透视 1

图 1.5.5　两点透视 2

3. 三点透视

　　有些时候，一点透视和两点透视并不能表现出众多的建筑群，在表现大面积的建筑群时，我们会用到三点透视，用于超高层建筑的俯瞰图或仰视图。第三个消失点，必须和画面保持垂直的主视线，使其和视角的二等分线保持一致。三点透实际上就是在两点透视的基础上多加了一个天点或者地点，即仰视或者俯视，这种透视原理也叫做广角透视。在建筑设计和城市规划设计中经常用到三点透视的俯视画法，即鸟瞰图的画法。如图 1.5.6 所示。

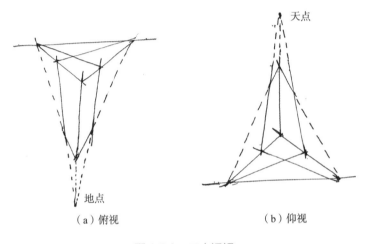

图 1.5.6　三点透视

1.5.3　透视的练习方法——几何体块绘制

　　通过观察、分析和归纳，景观中的构筑物是一个个方盒子或是基本的几何体，能分解成体块是因为建筑本身就是由方盒子构成的，往外补个盒子，往里切一个盒子，不同角度的，都是建筑空间感培养的不二法则。画体块盒子是为了辅助自己的立体形象思维，对盒子穿插、变化的想象和描绘，是对自己立体空间形象思维能力的一种挑战和磨炼。

　　在设计中并不是头脑中有一个具体形象后才画到纸上，有时甚至只是一个局部的勾勒，只有将构思画出来了才能验证它能否有设计感和可实施性。设计中光影的作用可以使建筑的体量三维呈现，是利于塑造空间情境的设计元素之一，可增强形体的体积感，还能使建筑形象更加生动。

　　世间各种实物都可由几何体构成，只要我们通过训练能够画出一个最简单的几何体旋转 360° 时的透视图，那么我们就能够通过几何体的形式处理好更复杂物体的手绘表现图，如图 1.5.7 所示。

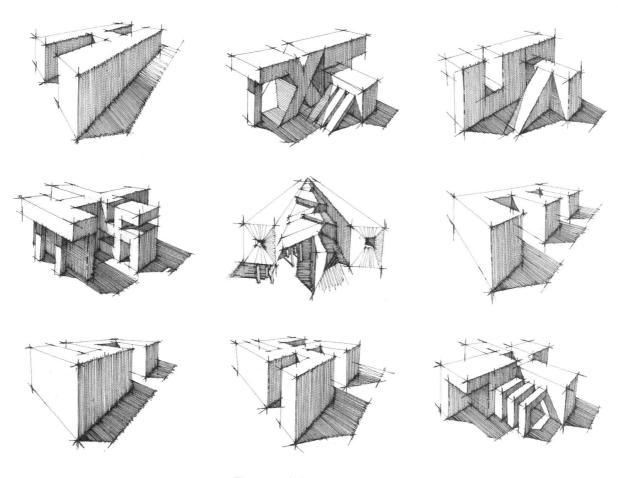

图 1.5.7　简单几何体的训练

2.1　植物画法讲解

　　植物是手绘效果图中不可或缺的一部分，是表现环境的主要内容，作为效果图的配景，如果缺少了自然环境，那么整个画面就会变得死气沉沉，毫无生机。植物在表现的时候要准确真实地体现出各自的特征和体积，通过自己的理解加以概括、简化、变化的处理，使之与建筑协调，以突出建筑。

2.1.1　乔木

1. 椰子树

　　椰子树在别墅景观或者滨海景观等大场景中会经常用到，我们要学会画它的各个叶片及方向的转变，椰子树自然就能够画出来，如图2.1.1 所示。

图 2.1.1　图中左侧椰子树

2. 松树

松树在景观后景中也是常用植物之一，我们在处理它时要注意它的基本几何体以及叶片的组织形式，如图 2.1.2 所示。

图 2.1.2　图中后景松树

其他常见植物如图 2.1.3 所示。

图 2.1.3　其他常见植物

2.1.2 灌木

1. 冬青

冬青在景观里面是常用植物，我们在绘画时要注意它的基本形——圆形。通过线条就能够处理好它的形体与黑白关系了。

2. 压边草

在绘制压边草时要会灵活运用单个叶片的各个方向旋转，然后运用前后左右的关系有序地组织起来，如图 2.1.4 所示。

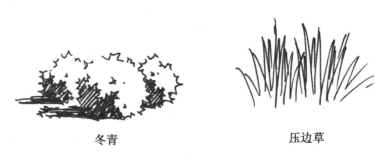

冬青　　　　　　　　　　　　压边草

图 2.1.4　冬青与压边草

其他常见植物与单体如图 2.1.5～图 2.1.8 所示。

图 2.1.5　其他常见植物与单体 1

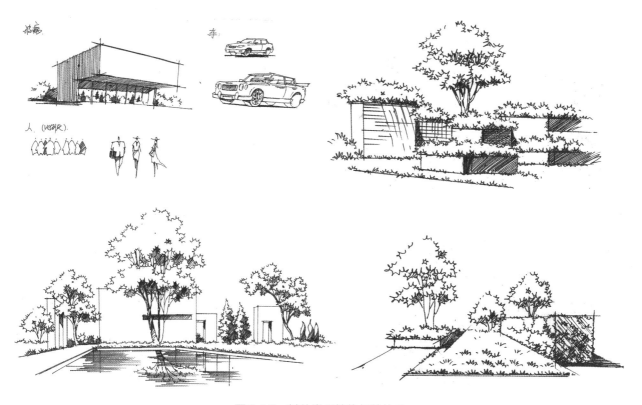

图 2.1.6　其他常见植物与单体 2

图 2.1.7　其他常见植物组合 1

图 2.1.8　其他常见植物组合 2

2.2 景石与水体画法讲解

2.2.1 景石

　　景石在景观中无处不在，既能丰富画面又能遮挡很多不好处理的地方。石分三面，我们在处理景石时也要注意它的体积感和大小虚实的组织关系，如图 2.2.1、图 2.2.2 所示。

图 2.2.1　景石组合

图 2.2.2　景石植物组合

2.2.2　水体

水体分为静水和动水，如图 2.2.3 所示。

静水是指以自然或人工湖泊、池塘、水尘土洼等为主的景观对象，静水是城市景观中最为常用的水景形式，在形态上可分为自然形和规则形。

静水技法表现：在绘制静水时需要注意它的反光颜色及水体固有色和留白的处理，如图 2.2.4 所示。

静水　　　　　　　　　　　　　　　　动水

图 2.2.3　静水与动水

图 2.2.4　静水表现

动水是指因地形的高差而形成，形态因水道、岸线的制约而呈现的水体。

动水技法表现：在绘制动水时，可以用扫笔的形式去表达，需要
注意线条的用量，不宜过多，多以留白为主，如图 2.2.5 所示。

图 2.2.5　动水表现

2.3　石材、木材及玻璃画法讲解

2.3.1　石材与木材

石材与木材在绘制时有相通之处，在表达时注意其大小、尺度与
比例，以及虚实关系，如图 2.3.1 ~ 图 2.3.3 所示。

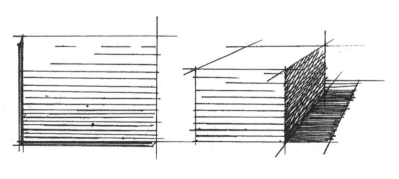

将平面材质转化为透视效果

图 2.3.1　木材表现

图 2.3.2　石材与木材表现

图 2.3.3　石材、木材与水体综合表现

2.3.2 玻璃

玻璃在园林中一般情况下以留白为主，只需要画出玻璃窗框及透过玻璃看到的后景即可，如图 2.3.4 所示。

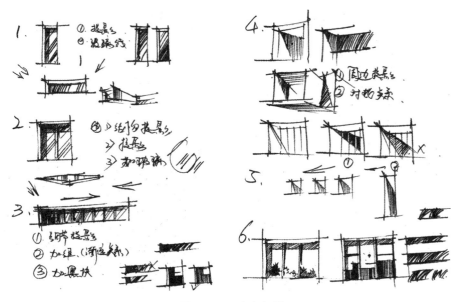

图 2.3.4 玻璃表现

2.4 亭廊画法讲解

亭廊是景观环境中常用景观构筑物的组成部分。在表达亭廊时，注意亭廊顶部的交汇处以及亭廊的高度，把握好这两点，就能够很好地绘制了，如图 2.4.1 所示。

图 2.4.1 亭廊表现

2.5 地面铺装、设施及人物画法讲解

2.5.1 地面铺装

　　地面铺装在景观表达中起到非常重要的作用，在园林表达中需要对地面材质的透视关系以及比例尺度关系表达清晰，它关系到整个园林空间的路网表达。业余时间我们需要多收集各种地面铺装的手绘表达形式，以便在快题设计或者方案出图时方便快捷地表达出来，如图2.5.1、图2.5.2所示。

图 2.5.1　实景材质

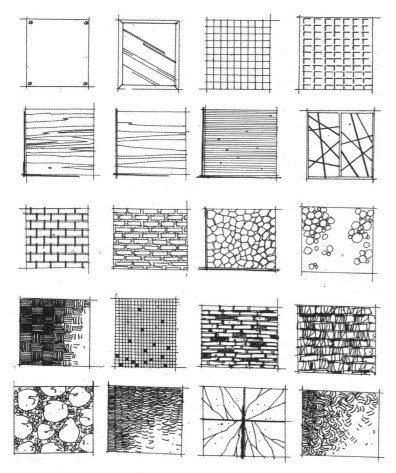

图 2.5.2　手绘表达材质

2.5.2　设施

　　在绘制各类设施时需注意构筑物形体、比例、体量与透视关系，在效果图中把握好设施的尺度非常重要，如图2.5.3所示。

图2.5.3　园林局部设施

2.5.3　人物

　　人物在效果图中起到丰富画面的作用，人物就是效果图中的一把尺子，可以适当运用（在考试时不宜过多去画人物，应以图面全局为重），如图2.5.4所示。

图2.5.4　人物表现

2.6 景观小景表现

景观小景表现主要是对单体与材质的总结，通过对景观中的单体赋予材质，并将其合理有序地摆放在图面当中，使图面中尺度比例与空间感更加和谐。小景表现更加注重单体与单体之间的组合关系以及空间上的延伸（图2.6.1～图2.6.8）。

图2.6.1　景观小景手绘图1

图2.6.2　景观小景手绘图2

图 2.6.3 景观小景手绘图 3

图 2.6.4 景观小景手绘图 4

图 2.6.5 景观小景手绘图 5

图 2.6.6　景观小景手绘图 6

图 2.6.7　景观小景手绘图 7

图 2.6.8　景观小景手绘图 8

3.1　马克笔概述

马克笔是 20 世纪 90 年代传入我国的一种快速表达设计构思的绘图工具，如图 3.1.1 所示。它能够迅速地表达出设计师想要的绘图效果，不需要像传统工具那样，要有准备时间和清洗时间。

马克笔不像其他水溶性颜料易调和，因此必须用一系列固定的颜色表达特点的场景，即高度概括的马克笔印象主义手法。

马克笔的颜色清晰而透明。它主要分为水性、油性（油性马克溶剂多为酒精和二甲苯）。水性马克笔笔触感强，收头较硬、色彩鲜亮且笔触界线明晰（重叠笔触会造成画面脏乱）；油性马克色彩柔和易融，笔触优雅自然，色彩叠加过渡效果更好（边界不易控制、容易画闷）。

马克笔靠流动的溶剂被纸吸收，因此靠多次叠加一系列的色彩才能模拟日光、高光、投影，以及木材质的黑白灰变化。

马克笔的色号：红黄色系、蓝绿色系、灰色系。

马克笔的线条和笔触：一支标准钝头马克笔包含 3 个工作面，能画出三种笔触线条：粗、中、细。

单根线条的画法：快速、均匀、笔直地运笔。确保边界清晰、注意转头与收边。

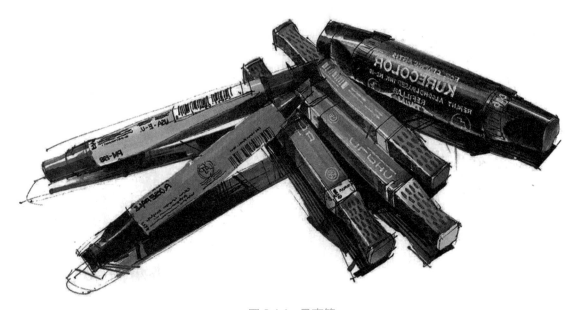

图 3.1.1　马克笔

3.2　景观常用配色

颜色搭配往往由很多品牌的马克笔组合而成，我们常用的马克笔品牌有 TOUCH、绘咔、AD、霹雳玛等，TOUCH 常用色号见表3.2.1。

表 3.2.1　推荐 TOUCH 常用色号

1	9	12	14	24	25
42	43	46	47	48	50
51	55	58	59	62	67
69	70	76	77	83	92
94	95	96	97	98	100
101	103	104	107	120	141
144	146	169	172	185	WG1
WG2	WG3	WG4	WG5	WG7	BG1
BG3	BG5	BG7	CG1	CG2	CG3
CG4	CG5	CG7	CG9	GG3	GG5

3.3　马克笔上色技法详解

3.3.1　运笔方式

马克笔的运笔方式主要有连笔（又称叠笔）、扫笔、平笔三种，如图 3.3.1 所示，其各自特点如下。

连笔：主要运用在暗部，通过连笔的运用加重对暗部的表达，运笔速度慢而重。

扫笔：主要运用在亮部的运用，扫笔时需要注意色度的控制，运

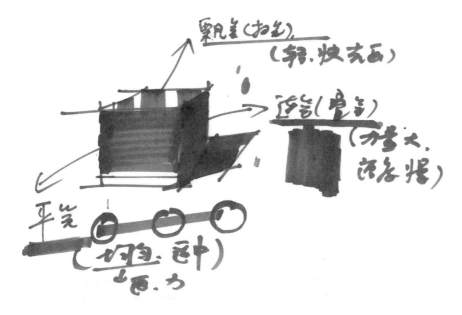

图 3.3.1　马克笔的运笔方式

笔速度快而轻。

平笔：主要运用在物体的灰部，在运用时注意用笔的均匀以及起笔与收笔，运笔速度均匀。

3.3.2 颜色叠加

1. 颜色叠加的时间问题

（1）在使用马克笔时，如果第一个颜色的底色未干，接着使用第二个颜色时，两张颜色会很柔和地叠加起来；如果第一个颜色的底色已干，再加第二个颜色时会出现笔触（点线面的关系）。

（2）马克笔在处理物体的颜色关系时，一般情况下亮部呈暖色，暗部与投影会呈现冷色与反光。如图3.3.2所示。

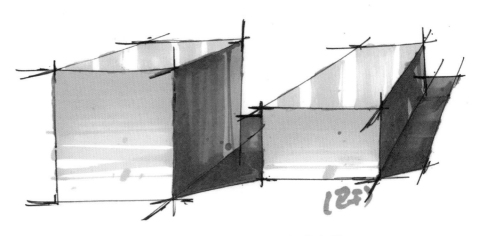

图3.3.2 马克笔颜色叠加的时间问题

2. 对有序列物体的处理方式

（1）注意空间层次关系，我们一般是通过物体的冷暖关系及明暗对比关系来提升空间层次感。

（2）上色物体时，亮部的留白起到关键作用，暗部的加重起到重要作用，因此，物体的固有色我们一定要保持干净，不可叠色过多，如图3.3.3所示。

图3.3.3 对有序列物体的处理方式

3. 关于用色多少的问题

（1）颜色运用的多少会直接影响画面的质量，在所有马克笔明暗排序中，"中灰"（颜色明度中等的颜色）是用得最多的，明度越低，所用颜色会越少。

（2）画面中最次要的地方也是用色最少的（甚至留白）。

（3）暗部所用的颜色比亮部要多（暗部叠色多）。如图 3.3.4 所示。

图 3.3.4　用色多少问题

4. 灰色马克笔的基本技法

（1）单色叠加找变化，画出渐变的退晕效果，明暗交界线的位置要密，不能有钢琴键（即过度自然）。

（2）有笔触，要透气，笔触叠加塑造丰富变化，不能画闷，远离明暗交界线的位置注意留白。即由粗到细，由紧到密。

（3）用同一色系的马克笔的重色，继续加强素描关系和投影。如图 3.3.5 所示。

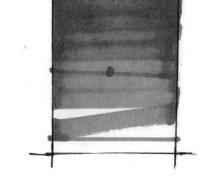

图 3.3.5　灰色马克笔基本技法

3.4 马克笔应用技巧

常去练习画几何体块，对马克笔的认识（粗细关系）以及马克笔的技法了解会有很大帮助。如图 3.4.1～图 3.4.7 可作范围练习临摹，通过对其临摹，来提升对马克笔运笔及色彩的把控能力。

图 3.4.1 中所用马克笔色号：Touch49、P142、CG2、CG4、CG7 及黑色。

图 3.4.2 中所用马克笔色号：BG3、BG5、BG7。

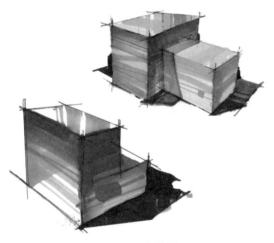

图 3.4.1　几何体块 1

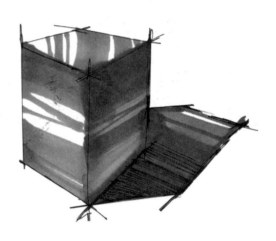

图 3.4.2　几何体块 2

图 3.4.3 中所用马克笔色号：P137、P140、WG4、TOUCH49、P79、P118、P19、CG2。

图 3.4.4 中所用马克笔色号：P228、BG7。

图 3.4.3　几何体块 3

图 3.4.4　几何体块 4

图 3.4.5 中所用马克笔色号：GG3、GG5、BG7。

图 3.4.6 中所用马克笔色号：TOUCH49、P137、TOUCH1、WG5 及黑色。

图 3.4.7 中所用马克笔色号：P118、CG2、CG4、TOUCH107。

图 3.4.5　几何体块 5

图 3.4.6　几何体块 6

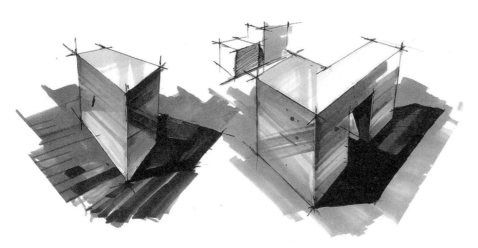

图 3.4.7　几何体块 7

上色时注意以下两点。

（1）物体的亮部非常重要，要保持干净，用轻快的笔触去画，切不可多画或者死画，暗部的处理要和亮部有一个对比关系，在用马克笔时需要采用慢重的形式去画，暗部起到重要作用，暗部重不下去，物体就会没有立体感。

（2）按照形体方式去排笔，注意用笔中的起和收，形体边界的表达非常重要。在马克笔的应用上，绘图者有时候不需要完全按照形体结构去画，适当岔开笔触会让画面更加灵活生动。

在处理颜色时注意以下 3 点。

（1）同色过度，最好不要冷暖交叉，容易脏（对于高手可用）。

（2）单色过度，过度要均匀，不能出现陡然的过度。

（3）要有重色，重色要有笔触，不画糊。

3.5 上色步骤与技法表现

案例一

（1）确定好画面的主次关系，用大的笔触将画面的色调关系表达出来（图3.5.1）。

所用色号：49、59、9、P142、P105。

图3.5.1 色调关系表达

（2）加强物体的体积关系，注意好画面的对比关系，有些暗部不需要加强（图3.5.2）。

所用色号：49、59、9、P142、P105、47、P79、175。

图3.5.2 加强物体体积关系

（3）加强主次关系与虚实关系（图3.5.3）。

所用色号：49、59、9、P142、P105、47、P79、175、46、P19、P18、76。

图 3.5.3　加强主次关系与虚实关系

（4）调整画面整体关系，加彩铅丰富画面，提高光白线，使画面更加协调统一（图3.5.4）。

所用色号：49、59、9、P142、P105、47、P79、175、46、P19、P18、76。

图 3.5.4　调整画面整体关系

案例二

（1）确定好画面的主次关系，以快速的形式将各个物体的固有色表达出来，注意画面的冷暖关系以及留白（图3.5.5）。

所用色号：P105、BG3、49、59、46、175、54、P137。

图3.5.5　确定主次关系

（2）进行颜色加重，在图面整体和谐的情况下进行有选择的加重，不要所有地方都加重（加重的形式有三种：同类色、同一种颜色以及灰色加重）（图3.5.6）。

所用色号：P105、BG3、49、59、46、175、54、P137、WG4、GG3。

图3.5.6　颜色加重

（3）强调主体，加强主体的对比关系以及光影关系，让画面整体统一而又主次分明（图3.5.7）。

所用色号：P105、BG3、49、59、46、175、54、P137、WG4、GG3、CG7、42。

图3.5.7　加强对比关系以及光影关系

（4）调整画面整体关系，加彩铅丰富画面，提高光白线，使画面更加协调统一（图3.5.8）。

所用色号：P105、BG3、49、59、46、175、54、P137、WG4、GG3、CG7、42。

图3.5.8　调整画面整体关系

4.1　景观平面图绘制基本要素表现

4.1.1　植物平面图表现

平面图是景观设计中最重要，也是在考研中占据比分最多的部分。做好了平面设计，表达出每一个部分的设计，能够让读图者清晰明白地了解设计师所表达的内容，也是设计师必不可少的设计表达方式。

单体植物在平面表现中主要以简单、清晰明了为主，不需要去刻画过于复杂的平面，在画简单的单体植物时，即一圈一点的画法，一圈表示树冠，一点表示树的主干。如图4.1.1所示。

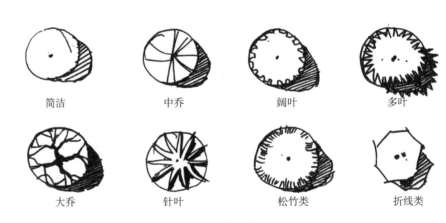

| 简洁 | 中乔 | 阔叶 | 多叶 |
| 大乔 | 针叶 | 松竹类 | 折线类 |

图 4.1.1　单体植物平面表现

组团植物主要出现在大面积的植物群当中，在处理时需要注意它们之间的排列组合，形体显得很重要，也要注意它们的序列感与聚散关系，如图4.1.2所示。

图 4.1.2　组团植物平面表现

4.1.2　建筑设施平面图表现

　　建筑设施在园林效果图表达中起到关键作用，它在平面图中作为节点的表达，往往是设计师最需要考虑的地方之一，建筑设施在表达中需着重考虑它的造型及比例与大小关系，如图4.1.3中收集了一些建筑设施的表达方法，可借鉴使用。

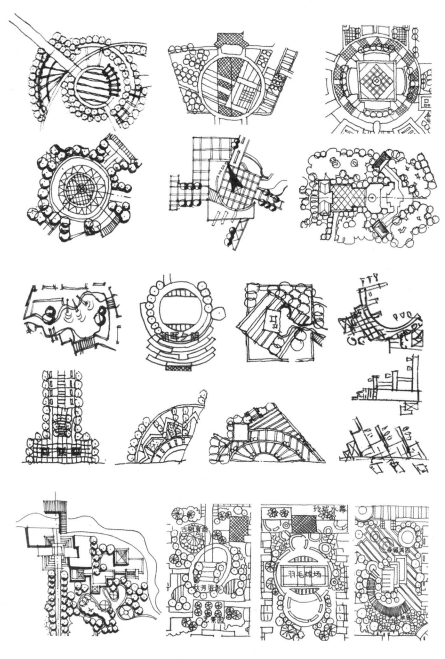

图4.1.3　建筑设施平面图表现

4.1.3　道路铺装平面图表现

　　在平面表达中，道路的铺装非常重要，在处理时需要注意以下几点。

　　（1）道路铺装要注意地面铺装形式的尺度与比例，切不可不按实际比例去画。

（2）铺装形式尽量简单化，不宜画得太过复杂。

（3）铺装的形式也是功能区域分区的一种形式。

图 4.1.4 ～图 4.1.9 为某公司方案出图。

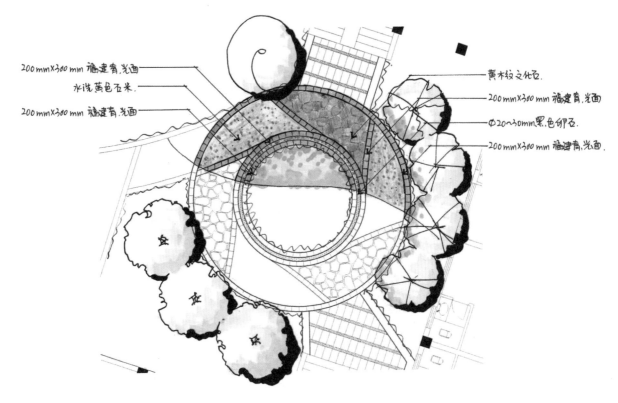

图 4.1.4　花园铺装平面图 1

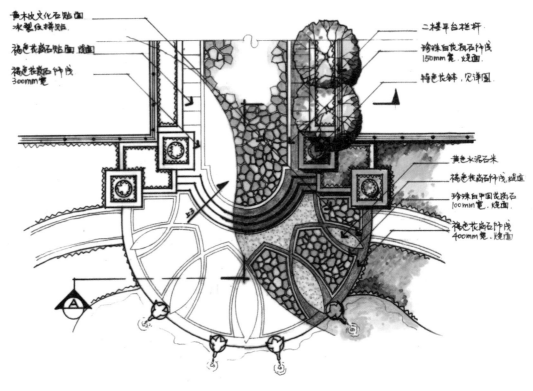

图 4.1.5　花园铺装平面图 2

大禹手绘系列丛书　景观手绘教程

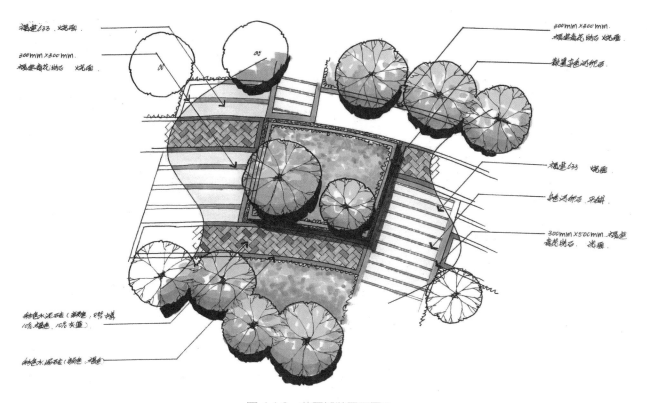

福建633，烧面

300mm×300mm．
烟岩黄花岗石，烧面

300mm×300mm
烟岩黄花岗石，烧面

散置本色河卵石

福建633　烧面

本色河卵石　平铺

300mm×500mm．烟岩
黄花岗石．光面

粉色水泥砖（颜色：80%棕
10%橙色，10%灰蓝）

粉色水泥砖（颜色．棕色）

图 4.1.6　花园铺装平面图 3

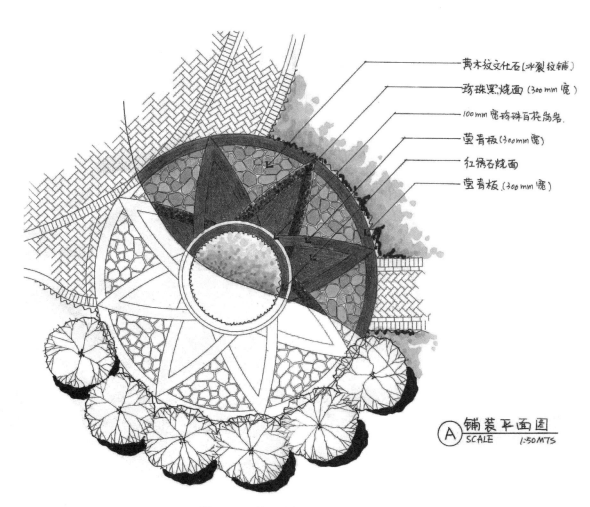

黄木纹文化石（冰裂纹铺）

玲珠黑烧面（300 mm 宽）

100 mm 宽玲珠百花岗岩．

莹青板（300 mm 宽）

红锈石烧面

莹青板（300 mm 宽）

Ⓐ 铺装平面图
SCALE　　　1:50 MTS

图 4.1.7　花园铺装平面图 4

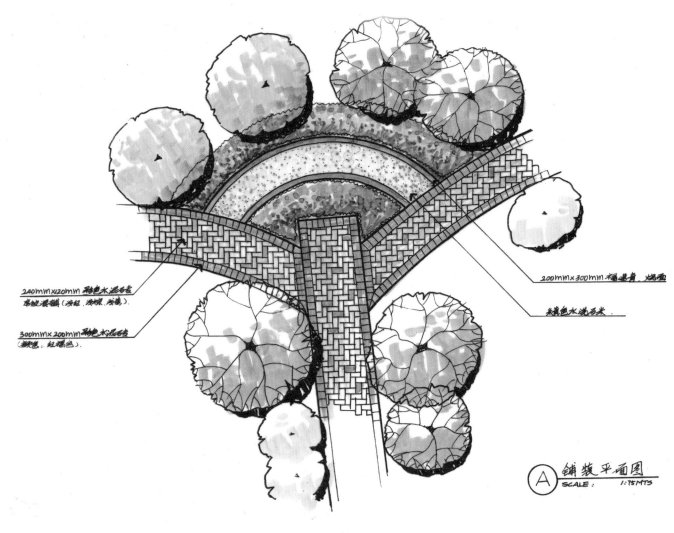

240mm×120mm 彩色水泥砖
干砂满铺 (浅灰、浅咖、浅褐)。

300mm×200mm 彩色水泥砖
(棕色、红褐色)。

200mm×300mm 不锈钢板、烧面

米黄色水洗石米

Ⓐ 铺装平面图
SCALE: 1:75 MTS

图 4.1.8　花园铺装平面图 5

图 4.1.9　铺装材质赏析

4.2 景观平面墨线图绘制

4.2.1 景观平面墨线图绘制步骤

景观平面墨线图绘制步骤分 4 步进行，如图 4.2.1 所示。

（1）确定好平面地形，按比例将其表现出来（即外轮廓）。

（2）通过等比例的形式将平面中道路区分出来（主次干道，水体等），注意好尺度。

（3）画建筑设施等构筑物，也是表达好各个节点的位置。

（4）画植物，注意好植物的大小与聚散关系。

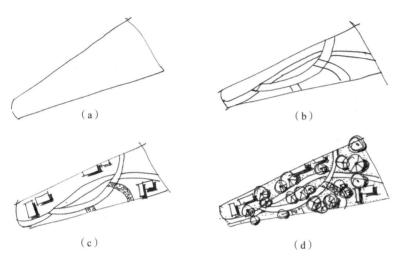

图 4.2.1　墨线图绘制步骤

4.2.2 景观平面墨线图欣赏

下面选取部分大禹手绘老师及学员绘制的景观平面优秀墨线图供大家参考学习（图 4.2.2～图 4.2.12）。

图 4.2.2　景观平面墨线图 1

图 4.2.3　景观平面墨线图 2

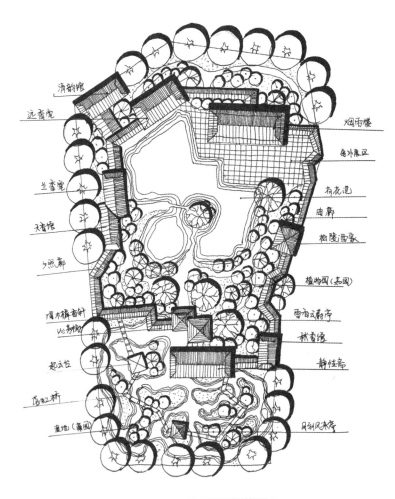

图 4.2.4　景观平面墨线图 3

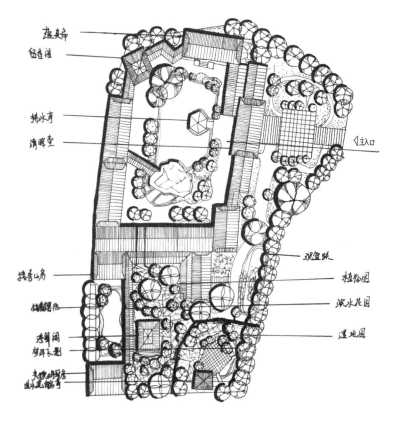

图 4.2.5　景观平面墨线图 4

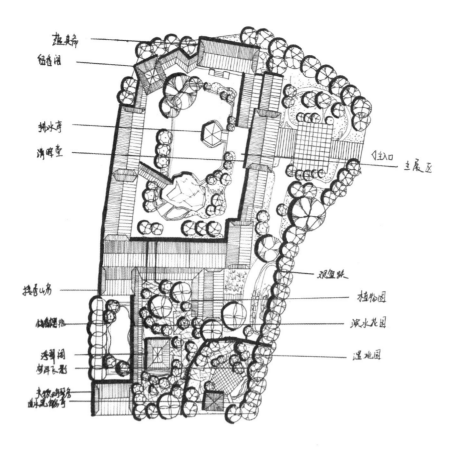

图 4.2.6　景观平面墨线图 5

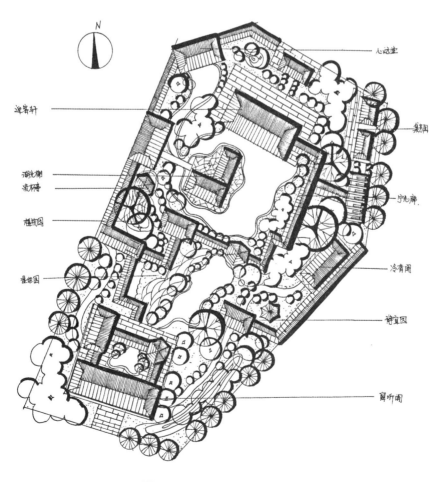

图 4.2.7　景观平面墨线图 6

大禹手绘系列丛书　景观手绘教程

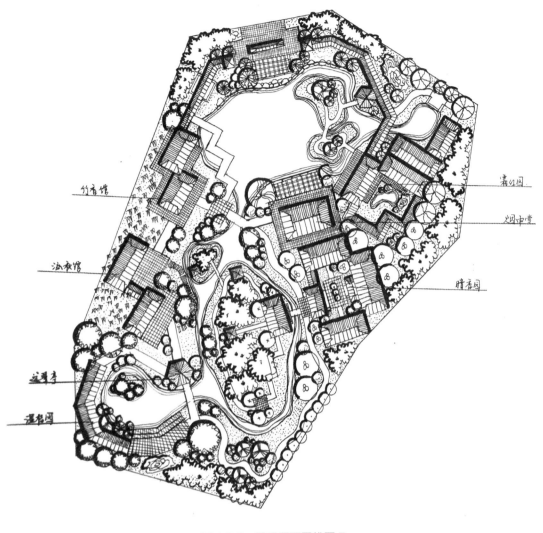

竹音馆
泓教馆
达聿亭
温馨园

霜幻园
烟雨阁
晴春园

图 4.2.8　景观平面墨线图 7

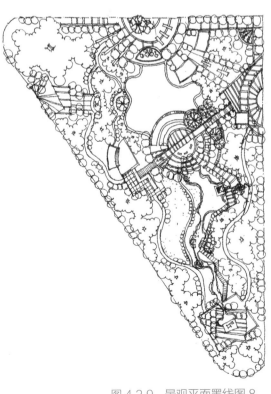

图 4.2.9　景观平面墨线图 8

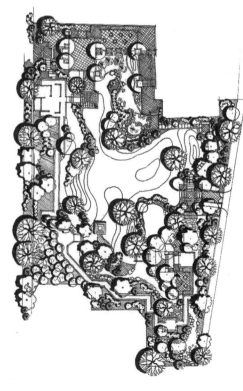

图 4.2.10　景观平面墨线图 9

大禹手绘系列丛书　景观手绘教程

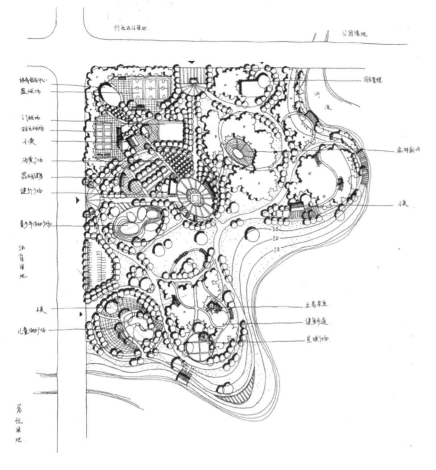

图 4.2.11　景观平面墨线图 10

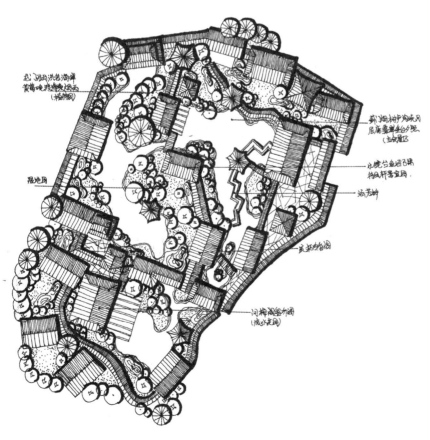

图 4.2.12　景观平面墨线图 11

4.3 景观平面图上色表现

景观平面图上色对于大部分人来说并不是很难处理，只要我们将平面图中的草地、乔木、灌木与地面的颜色进行区分即可，一般而言，草地与地面的色调比较亮，也相对比较暖，色彩明度高。乔木、灌木与之相反即可，如图 4.3.1 所示。

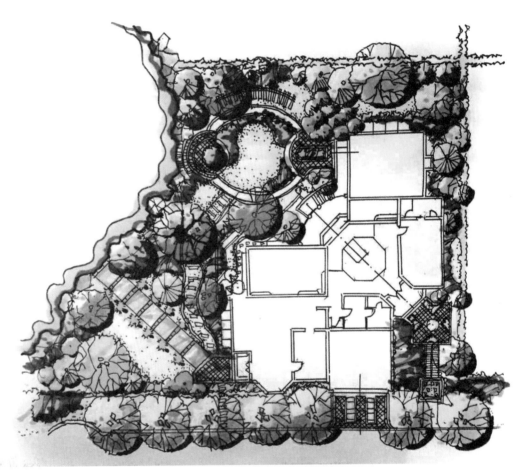

图 4.3.1　景观上色平面图欣赏

4.3.1　景观平面图上色要点

（1）用大笔触将画面中最大面积画出来，注意好与其他物体之间的冷暖关系。

（2）用重绿色将路边乔木画出来，用水体颜色画出水体，注意好水体的大量留白。

（3）道路铺装一般用亮暖色来处理，以形成与植物的对比。

（4）调整整体画面的冷暖关系，处理好物体的边界关系。

4.3.2　景观平面色稿欣赏

　　下面选取部分大禹手绘老师及学员绘制的景观平面优秀色稿供大家参考学习（图4.3.2～图4.3.21）。

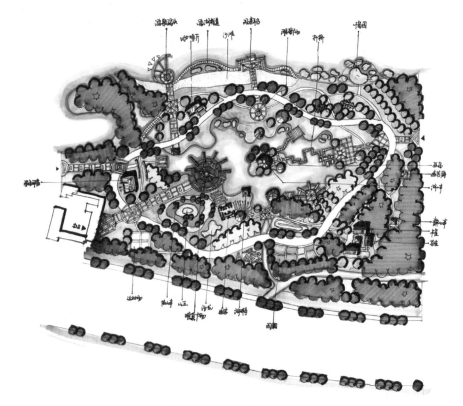

图4.3.2　景观平面色稿1

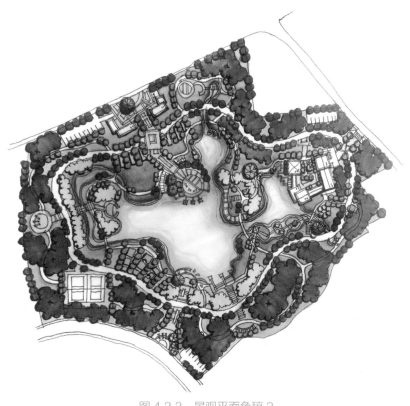

图4.3.3　景观平面色稿2

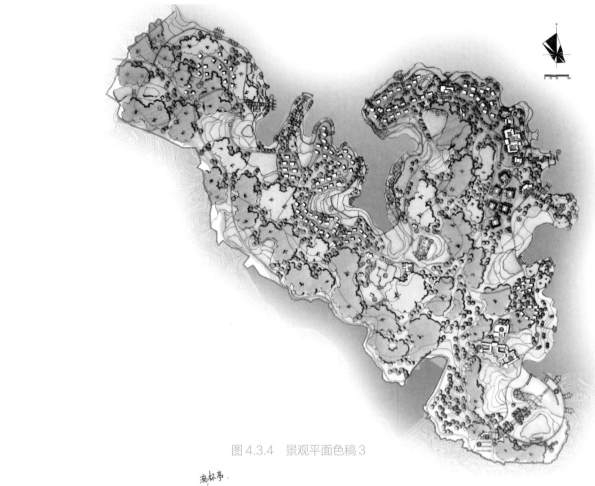

图 4.3.4　景观平面色稿 3

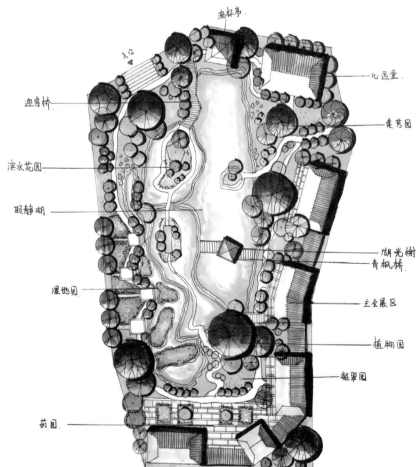

流杯亭

入口

迎客桥

滨水花园

明静湖

湿地园

药园

心远童

集芳园

湖光榭

青枫桥

主金展区

植物园

凝翠园

图 4.3.5　景观平面色稿 4

路网结构分析图

主入口

入口服务处

卫生间

次入口

主干道
支路

亲子菜木区

羽毛球场

亲水扇形台

码头

庄府技术指标:
总用地面积 12hm²
绿地率 68%
容积率 0.3
建筑宽度 4%

菜木小市
亲水木栈道

图 4.3.6　景观平面色稿 5

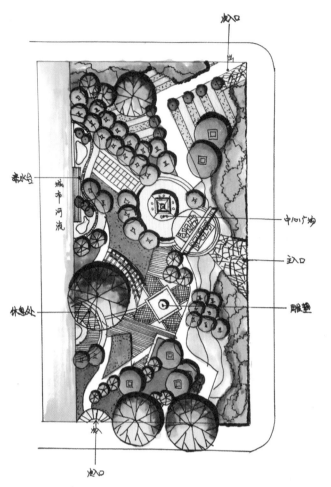

图 4.3.7　景观平面色稿 6

图 4.3.8　景观平面色稿 7

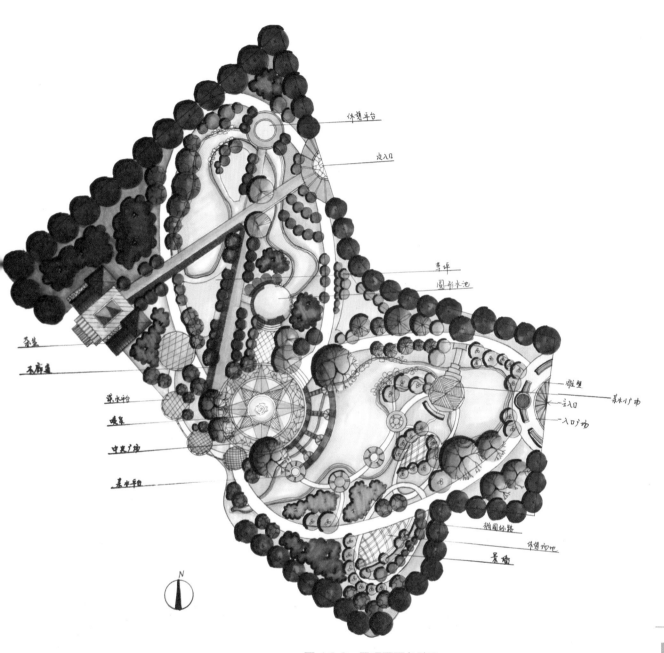

图 4.3.9 景观平面色稿 8

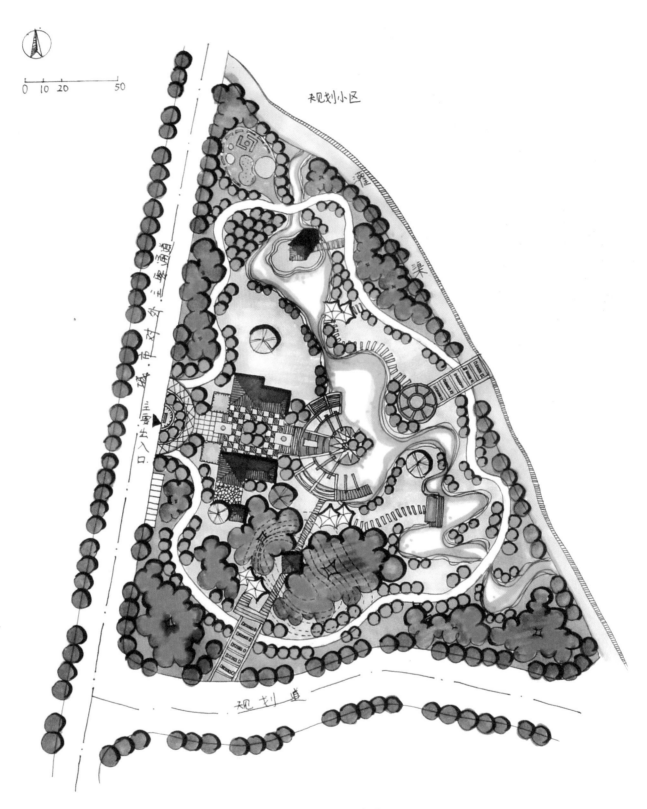

规划小区

渠

规划道

图 4.3.10　景观平面色稿 9

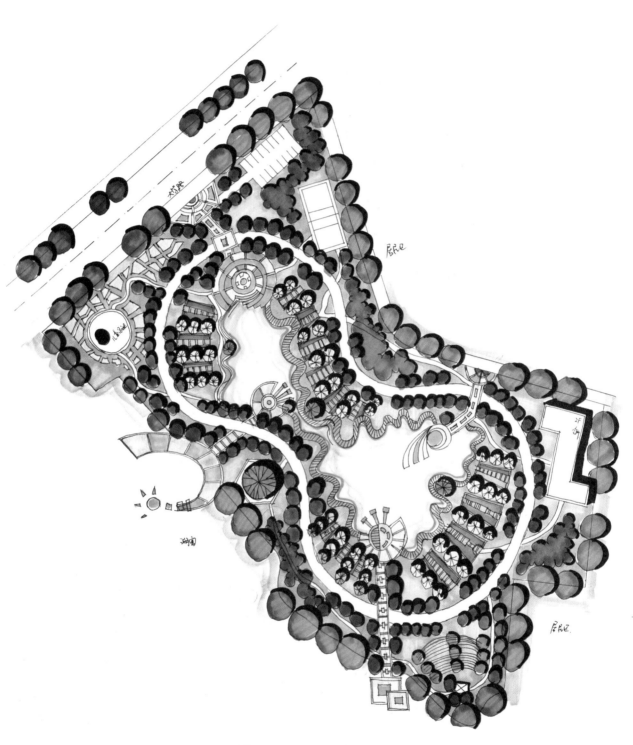

图 4.3.11　景观平面色稿 10

大禹手绘系列丛书　景观手绘教程

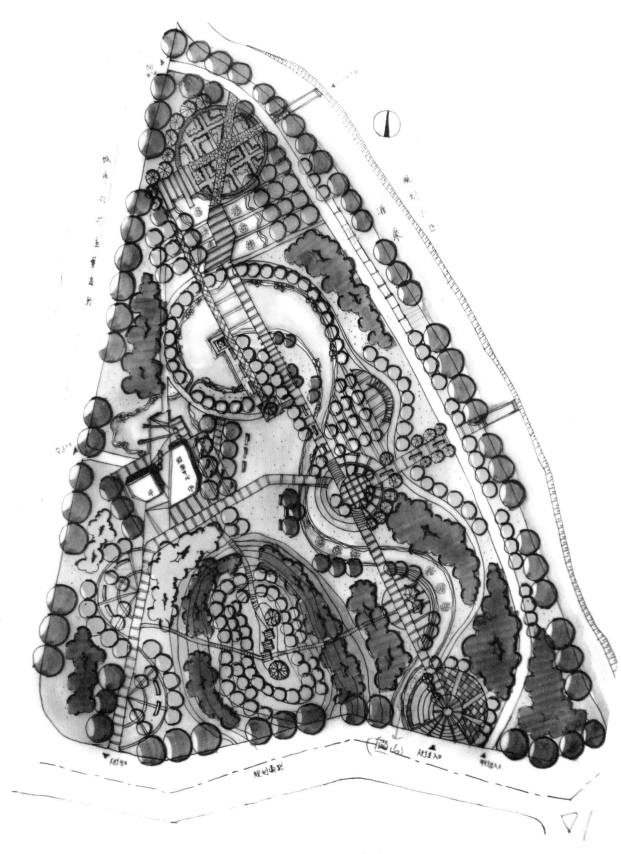

图 4.3.12　　景观平面色稿 11

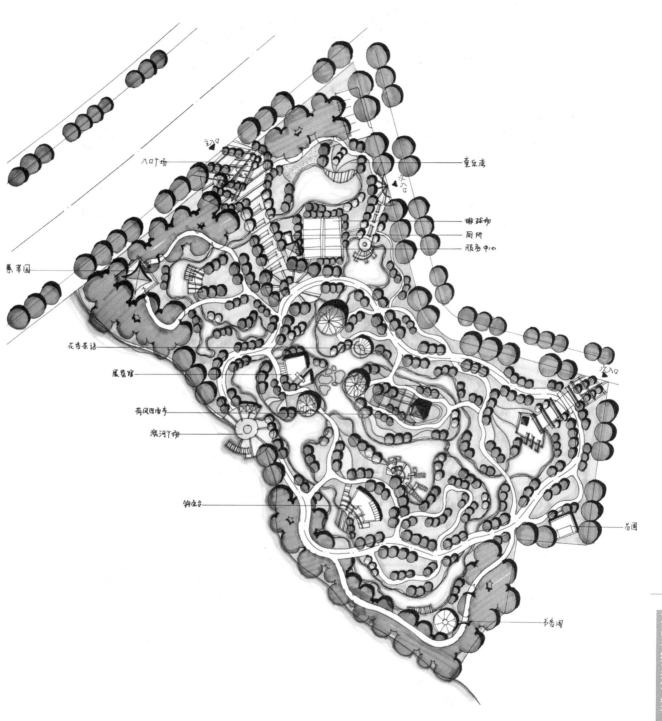

图 4.3.13　景观平面色稿 12

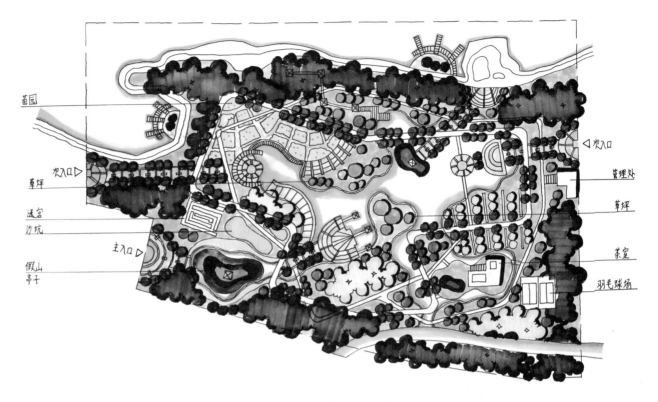

苗园

次入口 ▷

草坪

迷宫

沙坑

假山
亭子

主入口 ▷

◁ 次入口

管理处

草坪

茶室

羽毛球场

图 4.3.14　景观平面色稿 13

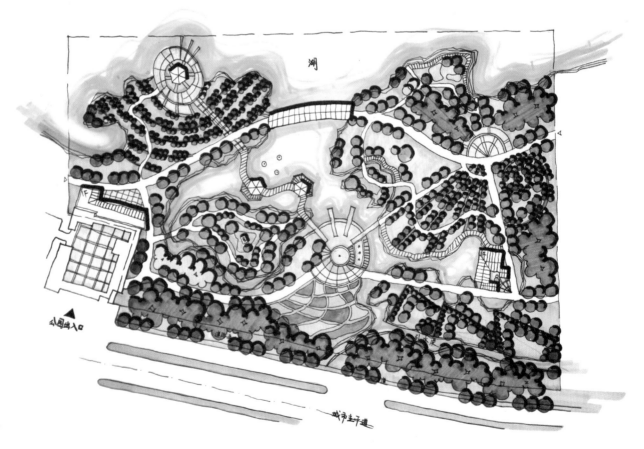

湖

公园主入口

城市主干道

图 4.3.15　景观平面色稿 14

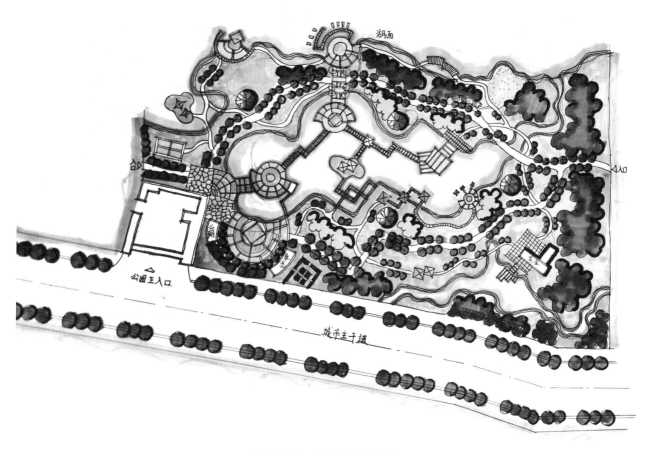

图 4.3.16　景观平面色稿 15

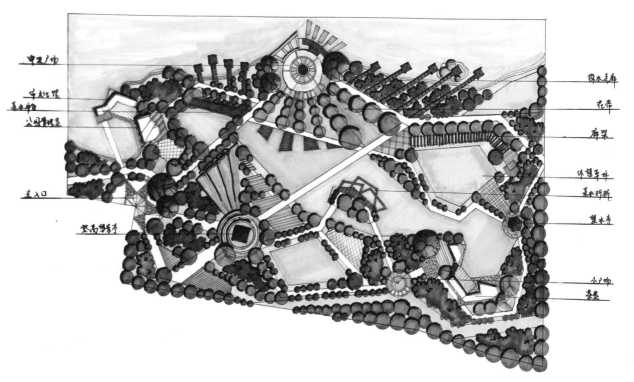

图 4.3.17　景观平面色稿 16

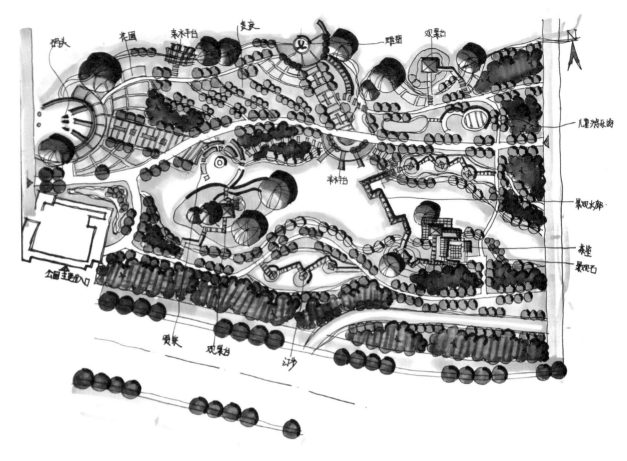

图 4.3.18 景观平面色稿 17

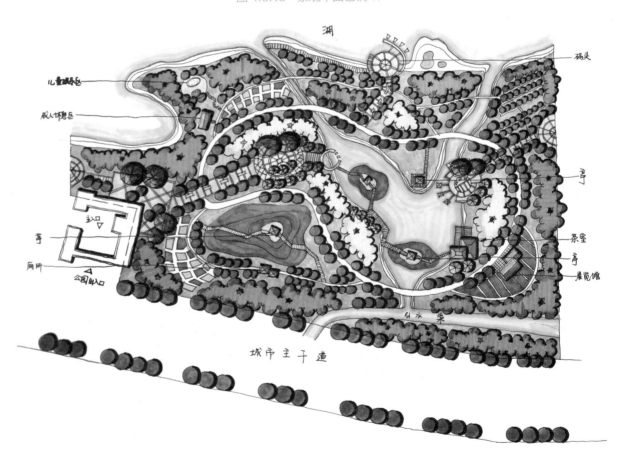

图 4.3.19 景观平面色稿 18

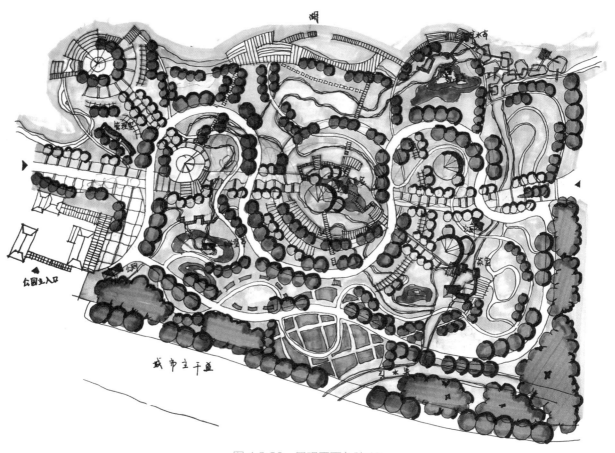

图 4.3.20　景观平面色稿 19

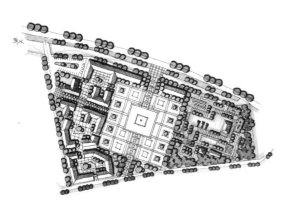

（a）景观平面方案 1

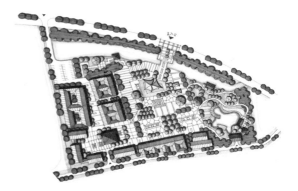

（b）景观平面方案 2

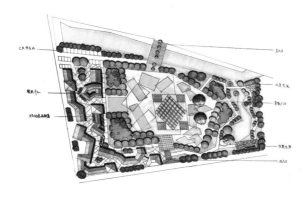

（c）景观平面方案 3

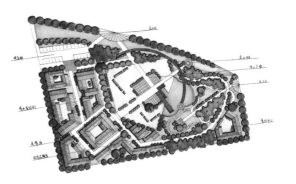

（d）景观平面方案 4

图 4.3.21（一）　同一地形不同形式的景观平面设计表达

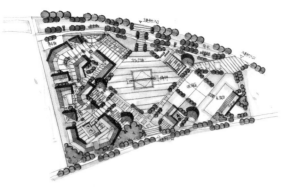

（e）景观平面方案 5

（f）景观平面方案 6

（g）景观平面方案 7

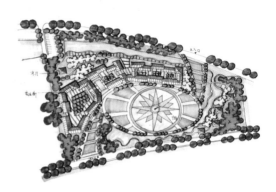

（h）景观平面方案 8

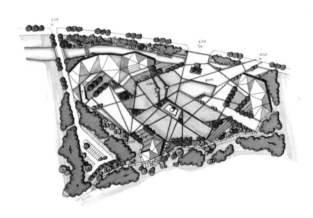

（i）景观平面方案 9

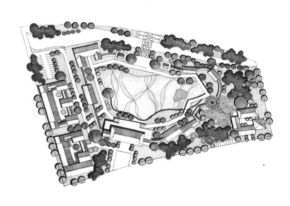

（j）景观平面方案 10

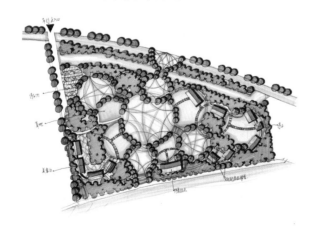

（k）景观平面方案 11

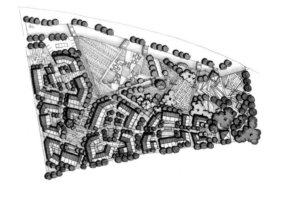

（l）景观平面方案 12

图 4.3.21（二） 同一地形不同形式的景观平面设计表达

4.4　鸟瞰图绘制注意要点

在绘制一幅优秀的鸟瞰图（图4.4.1）时，需注意以下4点。

（1）底平面图（道路、建筑与基地、场地与景观）。

（2）视觉中心与构图、黑白对比关系（前景、设计亮点、画面精细处理、素描关系）。

（3）建筑、设施与构筑物。

1）整体透视由大到小，基地的透视方向决定了建筑的透视方向。

2）建筑单体的空间关系，比例与尺度关系。建筑与建筑之间的呼应关系与对比关系。

3）光影关系与素描关系，建筑体块的明暗关系。

4）竖线垂直。

5）重上轻下。

6）主楼与群房。

7）标志性建筑的形体特征。

（4）景观与场地。

1）行道树。

2）乔木与灌木。

3）草地。

4）场地。

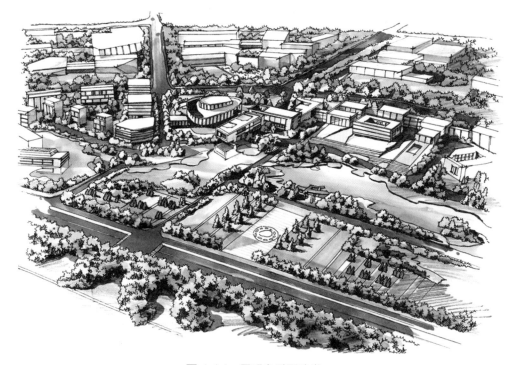

图4.4.1　景观鸟瞰图欣赏

大禹手绘系列丛书　景观手绘教程

鸟瞰图绘制要点总结如下。

（1）建筑与基地的关系。

（2）建筑之间的空间关系与对应关系。

（3）草地与铺装的马克笔笔触。

（4）注意突出画面中心，画面详略得当。

4.5　从平面图到鸟瞰图绘制注意要点

从绘制平面图到绘制对应的鸟瞰图时（图 4.5.1），需注意以下 4 点。

（1）底平面图，包括对道路、建筑与基地、场地与景观等地形的控制。要点：注意确定基地的透视线与整体的透视角度。

（2）视觉中心与构图，注意前景布局、设计亮点、画面精细处理与素描关系。

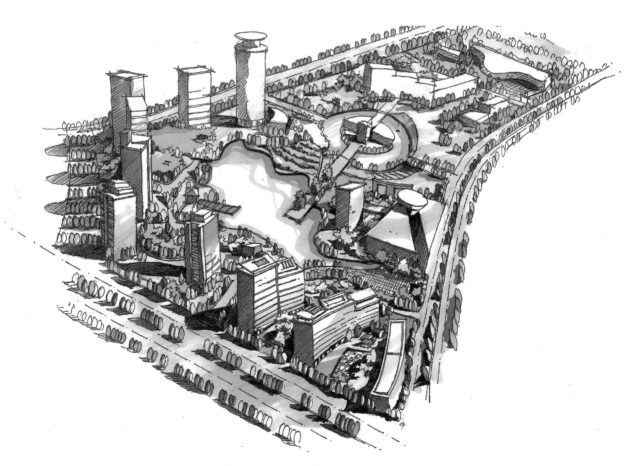

图 4.5.1　景观鸟瞰图欣赏

（3）建筑、设施与构筑物。

1）建筑整体透视由大到小，由基地的透视方向决定建筑的透视方向。

2）建筑的呼应关系和对比关系。要点：按设计高度，建筑整体升起，根据基地的透视关系，用体块代替建筑平面。

3）建筑空间关系。要点：注意空间中建筑的比例与尺度，找准空间中各个建筑的对比关系，不必刻意强调每个建筑与基地的对应关系。

4）光影与素描关系，包含对建筑体块的明暗处理。

5）竖线垂直。

6）重上轻下。

7）主楼与群房。

8）标志性建筑的形体设计。

（4）景观与场地。

1）行道树。

2）乔木与灌木。

3）草地。

4）场地。

4.6 景观立面图绘制注意要点

景观立面图的绘制主要是对场景中物体高度与地形的一个设计与表达，注意将画面中材质的选择以及植物的前后关系表达清晰，把握好立面的整体效果，对看图者了解此空间关系更加清晰明了。以下为笔者对几幅优秀的景观立面图的评析。

点评（图4.6.1）：此立面主要体现了对亭廊以及左侧墙面材质的表达，空间层次分明，虚实有度，地形关系表达清晰。

图4.6.1 景观立面图1

点评（图4.6.2）：此立面图主要以景观墙面表达为主，植物类别丰富，层次分明，主体表达清晰。

图4.6.2　景观立面图2

点评（图4.6.3）：此立面图主要表现了建筑单体的门头与景观场景之间的关系，这样的表现方式在景观设计中经常会见到，我们在绘制此类型立面图时，主要需控制好植物的高低关系以及层次关系，本图表达清晰合理。

图4.6.3　景观立面图3

第 5 章　景观草图表现

5.1　景观草图概述

　　草图是景观设计师或考研同学画快速表现图时的必备技能，不会画草图的设计师永远也拿不到高薪。那么，我们先来了解一下什么是草图，在整个方案设计中，它的一个整体流程是什么，它在设计中扮演了什么角色。

　　草图是设计师设计意图的快速表达方式，是整个构思解题的关键阶段，如果这个阶段的工作进展顺利、有序，那么接下来的设计完善、设计表达就做到了心中有数，步步为营。这个阶段最主要的任务是根据任务书的要求，用草图快速表达的方式进行总平面图的构思，其次，还包括对分析图、立面图、剖面图、透视图、细节小图的绘制，景观草图透视图如图 5.1.1 所示，植物细节草图如图 5.1.2 所示。

　　在草图绘制阶段，除了总平面图的绘制工作要领先外，其他各内容的工作程序可根据题目的特征和设计者的思维方式而定。为了抢时间，草图绘制阶段可用小比例图绘制，也可以利用题目中给的地形图进行绘制。在这个阶段，重点是解决景观总平面图的布局问题，利用

图 5.1.1　景观草图欣赏

徒手线条在构思创意的基础上解决题目中、规范上的相关设计要求。总之，草图绘制的主旨是表达设计意向，不需要太关注细节，从设计的大方向入手，在绘制草图的过程中，如果画错了都有可能会产生新的设计灵感。

图 5.1.2 植物细节草图欣赏

5.2 景观草图绘制注意要点

（1）积累。画好草图是一名合格设计师的必备技能之一。建议设计师们平时出门随身准备一个草图本，在看到优秀的设计作品、设计要素或小场景时，都可以随时用草图勾勒记录下来，这就是积累，积累多了，脑子里的设计元素也会随之丰富。

（2）草图不是随意一画就称为草图，它是设计师的一个综合素质与技法的体现，要能够将一个复杂或者需要表达的场景或设计意向以快速、简练的形式表达出来，不能随意画，随意画那就是速写。

（3）快速与言简意赅是草图表述的核心，在勾勒时切记不可深入细节，只要把握好大方向，突出设计重点即可。

以下为优秀的景观草图欣赏（图 5.2.1～图 5.2.22）。

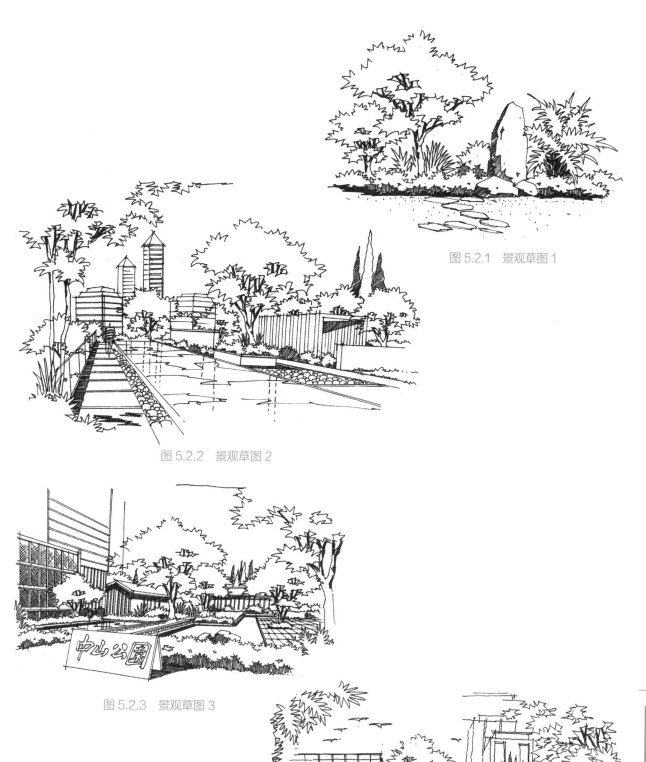

图 5.2.1　景观草图 1

图 5.2.2　景观草图 2

图 5.2.3　景观草图 3

图 5.2.4　景观草图 4

图 5.2.5　景观草图 5

图 5.2.6　景观草图 6

图 5.2.7　景观草图 7

图 5.2.8　景观草图 8

图 5.2.9　　景观草图 9

图 5.2.10　　景观草图 10

图 5.2.11　景观草图 11

图 5.2.12　景观草图 12

图 5.2.13　景观草图 13

图 5.2.14　景观草图 14

图 5.2.15　景观草图 15

图 5.2.16　景观草图 16

图 5.2.17　景观草图 17

图 5.2.18　景观草图 18

图 5.2.19　景观草图 19

图 5.2.20　景观草图 20

图 5.2.21　景观草图 21

图 5.2.22 景观草图 22

5.3 景观草图上色表现

（1）景观草图上色表现与景观图精细表现不同，前者只需要将物体最基础颜色，所谓固有色表现出来即可，无需做过多的过渡关系表达。

（2）景观草图上色需要注意画面的冷暖关系，通过冷暖色的对比体现出画面强烈的空间感是最重要的。

以下为景观上色草图欣赏（图 5.3.1 ~ 图 5.3.4）。

图 5.3.1 景观上色草图 1

图 5.3.2　景观上色草图 2

图 5.3.3　景观上色草图 3

图 5.3.4 景观上色草图 4

6.1　景观效果图绘制基础

　　景观效果图在绘制表达时需注意景观空间的表达、尺度的控制以及植物的围合关系。效果图，顾名思义需要将整体的效果、美感体现出来，至于在设计方面，我们不需要过多要求，只需要知道最基本的设计要点即可。在绘制景观效果图时我们需要注意 5 点：①景观空间的把握；②物体与物体之间的层次关系；③植物的高低大小以及前后层次关系；④道路的走向；⑤景观构筑物的形体比例与透视关系，如图 6.1.1、图 6.1.2 均为优秀的景观效果图。

图 6.1.1　景观效果图 1

图 6.1.2　景观效果图 2

6.2 景观效果图绘制步骤详解

图 6.2.1　景观效果原图

（1）通过观察景观效果原图（图 6.2.1），我们可以首先在脑海中打一个"底稿"，然后按照近大远小的透视关系绘制底图，注意将画面的空间层次感画出来，绘制过程中可根据图面效果做适当调整，如图 6.2.2 所示。

图 6.2.2　底图绘制

（2）底稿打好之后，开始从前往后进行细部刻画，如图6.2.3 所示。注意在细部刻画之前，需想好图面的明暗关系与虚实对比关系。

图6.2.3　细部刻画

（3）对景观构筑物进行细部刻画，如图6.2.4所示。注意景观构筑物的材质对比与明暗关系对比，有些投影位置可适当留白，留给后期进行上色处理。

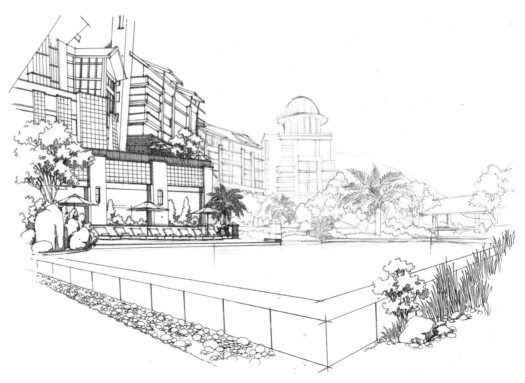

图6.2.4　对景观构筑物的细部刻画

（4）从前往后依次进行深入刻画，如图 6.2.5 所示。注意中、后景的过渡关系，应详略得当，千万不可平均对待。

图 6.2.5　深入刻画

（5）将中、后景处理完之后，虚实对比关系得到进一步加强。最后进行整体调整，如图 6.2.6 所示。颜色重的地方可以再次加重，颜色轻的地方可以适当留白，做到详略得当，图面整体关系和谐即可。

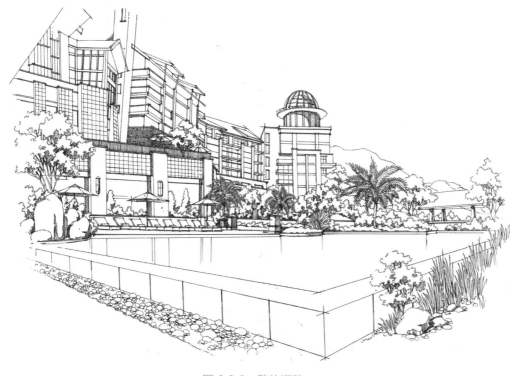

图 6.2.6　整体调整

6.3　不同类型的景观场景表现

6.3.1　小区广场表现

　　小区广场在景观专业的考研试卷中，是常常会出现的一道题目。在绘制小区广场效果图时，需要注意小区内的主体建筑物或构筑物，以及对小区广场内特色空间的表达。以下为小区广场效果图欣赏（图6.3.1～图6.3.6）。

图 6.3.1　小区广场效果图 1

图 6.3.2　小区广场效果图 2

大禹手绘系列丛书　景观手绘教程

图 6.3.3　小区广场效果图 3

图 6.3.4　小区广场效果图 4

图 6.3.5   小区广场效果图 5

图 6.3.6   小区广场效果图 6

6.3.2 门厅入口表现

　　对门厅入口进行刻画时，需将主体门洞的比例关系以及尺度关系表达清晰，植物的刻画需注意其高低大小的变化，注意丰富植物的层次关系，重点以烘托门厅为主。以下为门厅入口效果图欣赏（图6.3.7～图6.3.11）。

图 6.3.7　门厅入口效果图 1

图 6.3.8　门厅入口效果图 2

大禹手绘系列丛书　景观手绘教程

图 6.3.9　门厅入口效果图 3

图 6.3.10　门厅入口效果图 4

图 6.3.11　门厅入口效果图 5

6.3.3　别墅水体表现

　　对别墅水体的刻画，需要注意对水体的动、静进行区分处理，以及对建筑透视关系的表达。合理地处理好画面的空间感，使画面显得和谐统一。以下为别墅水体效果图欣赏（图 6.3.12～图 6.3.16）。

图 6.3.12　别墅水体效果图 1

图 6.3.13　别墅水体效果图 2

图 6.3.14　别墅水体效果图 3

图 6.3.15　别墅水体效果图 4

图 6.3.16　别墅水体效果图 5

　　海景别墅相对于带人工水体的别墅来说，场景更宏大，在表达时注意处理好水体的留白以及后景的高度关系，不要将后景处理得过高。以下为海景别墅效果图欣赏（图 6.3.17、图 6.3.18）。

图 6.3.17　海景别墅效果图 1

图 6.3.18　海景别墅效果图 2

6.3.5　城市景观鸟瞰表现

　　城市景观鸟瞰图是景观学者最需要掌握的图种之一，在绘制鸟瞰图时，特别要注意对路网及空间层次的表达。可以对近大远小、近实远虚的关系进行适当地夸张处理，将画面空间关系表达清晰。以下为城市景观效果图欣赏（图6.3.19～图6.3.24）。

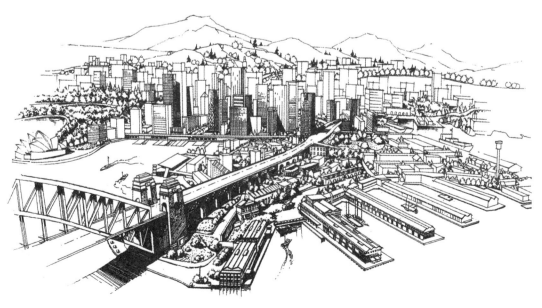

图 6.3.19　城市景观效果图 1

图 6.3.20　城市景观效果图 2

图 6.3.21　城市景观效果图 3

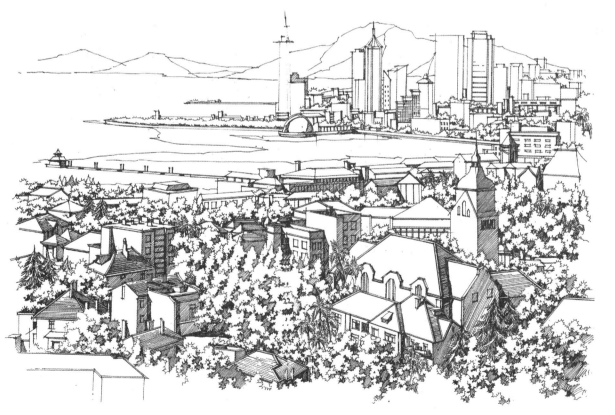

图 6.3.22　城市景观效果图 4

图 6.3.23　城市景观效果图 5

图 6.3.24　城市景观效果图 6

6.3.6　其他景观表现

　　其他景观表现包含小型建筑物、构筑物、特色空间节点的景观表现，在绘制此类景观效果图时依旧需要注意透视关系、空间对比关系、明暗关系、虚实关系等，做到图面整体和谐、美观。以下为其他景观效果图欣赏（图 6.3.25 ~ 图 6.3.34 ）。

图 6.3.25　其他景观效果图 1

图 6.3.26　其他景观效果图 2

图 6.3.27　其他景观效果图 3

图 6.3.28　其他景观效果图 4

图 6.3.29　其他景观效果图 5

图 6.3.30　其他景观效果图 6

图 6.3.31　其他景观效果图 7

图 6.3.32　其他景观效果图 8

图 6.3.33　其他景观效果图 9

图 6.3.34　其他景观效果图 10

第 7 章　景观效果图评析

7.1　为什么要评图

　　评图是一位优秀的设计师必备的能力之一，如果一幅好的效果图放在设计师面前，设计师都不知道或者说不出它好在哪里，说明此设计师对图面表达的认识还不够深入，这也会让他自己在处理效果图时无从下手。一个会评图的设计师能够深刻认识到效果图的表达要领，这使他自己在绘制效果图时更加得心应手，图面表达效果也肯定不会差。

7.2　景观效果图赏析

　　赏析：作者在绘制图 7.2.1 时，强调了画面的延伸感，将后景植物进行了弱化处理。我们在处理景观效果图时，最常用的处理方式就是近大远小和近实远虚，有时我们还会用适当的夸张手法来体现这种关系。可以看出本图的作者有扎实的基本功，植物与植物之间的层次关系清晰明了，左边静水的表达也比较到位，美中不足就是右边地面的虚实不够明确。

图 7.2.1　景观小鸟瞰效果图

赏析：景观效果图对于初学者来说最容易出的问题就是图面很容易乱，乱的原因无非有以下三点：①景观道理、路网表达不清晰；②画面中植物配景的形体以及层次关系没有交代清楚；③画面的留白关系不明确。

图7.2.2中作者处理这种关系既没有显得凌乱，而且图面表现比较灵活，构筑物的关系与植物区分明确，黑色块的位置设置也比较到位，静水留白画倒影也是常用技法之一，图面整体详略得当，效果较好。

图7.2.2　联排别墅景观效果图

赏析：对景观小场景的表达，在考研或求职快题考试中会经常出现，快题考试中要求的效果图表达一般只有两种：①景观小场景，②鸟瞰图的表现。建议初学者平时也要多绘制小场景的效果图，注意收集素材。

图7.2.3的作者很好地区分了构筑物与植物的关系，对右侧的立面墙与地面景观的交接关系也处理得比较恰当。在景观效果图中，对构筑物比例与尺度关系的把握非常重要，如果没有做到比例与尺度相协调，画面会显得不协调。

图 7.2.3　景观小场景效果图

赏析：图 7.2.4 的作者在刻画时，首先是对大场景空间的线稿处理，为了得到更好的空间效果，作者在刻画时夸张了前景船只和后景建筑群之间的虚实关系。在色彩的表达上，对前景进行丰富处理，对后景进行概括处理，使前后景对比更加强烈；黄色和紫色的大量对比，使得画面黄昏的气氛更加的浓郁。

图 7.2.4　传统建筑景观大场景效果图

赏析：图 7.2.5 主要以强调墙面为主，将墙面的光影关系以及明暗关系（主要以亮色调为主）表达得较为清晰，用笔技法较为娴熟，作者在处理颜色关系时也强调了冷暖色的对比。不足之处在于对前景台阶和水池材质的表达上过于繁琐，线稿中材质刻画过多，如果留白一些可能效果更好。

图 7.2.5　景观水池效果图

赏析：图 7.2.6 为别墅景观效果图，在刻画时，要以建筑为主，不能太过于放手于景观场景的表达，通过建筑带动图面，景观场景起丰富图面效果的作用。刻画时要注意对建筑纵深感的夸张表达，从而

图 7.2.6　别墅景观效果图

大禹手绘系列丛书　景观手绘教程

达到图面最基本的空间需求。色彩的表达是为了更好地体现建筑的体积感和光影感，对比色的运用比较充分。

　　赏析：图 7.2.7 以冷色调为主，作者通过颜色的纯度关系（前景纯度高，后景纯度低）以及冷暖关系（前景暖，后景冷）来表达，而最亮点处在于处理本图时对建筑亮部的留白，这样做的好处有：①物体对比强烈，不容易画乱、画脏；②节省时间，特别是初学者在处理画面时，很多时候画亮部要花费很多时间，效果却并不突出，其实这样做得不偿失。

图 7.2.7　山地建筑效果图

　　赏析：图 7.2.8 为很大的景观场景，但是相对来说本图的空间还是比较好处理的，作者在刻画时在原图的基础上拉平了视平线以下的透视关系，加强了视平线以上的透视纵深关系，从而达到空间上的需求。同时在色彩的表达上，植物层次颇多，需要注意好颜色虚实和冷暖的表达。

　　赏析：图 7.2.9 为一张马克笔夜景效果图，我们在处理夜景的时候更多的是注意色彩的表达，更明确地说是对比色的表达。所以在处理色彩时，首先需要处理画面大的颜色基调，即亮光处的暖黄色和周围黑暗处偏冷的蓝紫色，从而得到画面的夜景关系，然后再去处理更加丰富的色彩关系，让画面展现出更加绚丽的夜景色彩。

图 7.2.8　景观大场景效果图

图 7.2.9　景观建筑夜景效果图

　　赏析：图 7.2.10 为城市景观鸟瞰图效果图，在表达此类效果图时我们不必刻画过多的细节，而是需要更加注重图面的空间关系的表达，作者很好地抓住了这点，前景有适当细化，细化主要包括：①物体的黑白对比，即体积关系对比；②光影关系的表达；③材质的刻画。注意弱化对后景的处理，此作者以简单的固有色和大量留白处理后景，达到了图面整体虚实得当的效果。

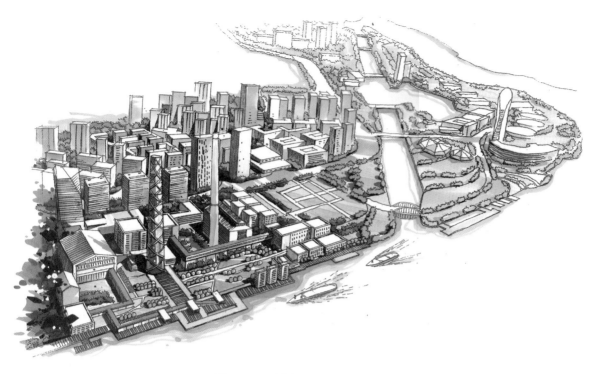

图 7.2.10　城市景观鸟瞰效果图

　　赏析：图 7.2.11 为庭院景观场景，庭院景观场景空间普遍较小，相对于大的场景来说更难表达出空间效果，所以在刻画时我们需在原图的基础上，更加夸张地去表达空间关系，给人以更强烈的视觉冲击力。其次在色彩的表达上，抓住庭院景观场景的特点，着重刻画场景中的构筑物和铺装的关系。

图 7.2.11　庭院景观效果图

赏析：图 7.2.12 为一张偏大的景观台阶场景，植物的层次相对偏少，所以重点还是对台阶及水面的刻画。在线稿绘制阶段，注意台阶、水面及其他构筑物的形体关系。处理色彩时，台阶等前景构筑物需大量留白，从而强调前后景的主次关系和台阶的体积感。本图的植物位置层次较弱，对植物色彩的处理可根据光源表达出冷暖和轻重即可。

图 7.2.12　景观台阶效果图

赏析：图 7.2.13 为一张开阔型庭院景观效果图，包含了丰富的构筑物层次和植物层次，故在线稿和色彩刻画时，最应注意的是物体与物体之间明确的层次表达，即物体与物体之间的黑白灰对比、线稿的黑色块处理及色彩的冷暖处理，通过强烈的对比处理体现其层次空间关系和丰富的色彩关系。

图 7.2.13　开阔型庭院景观效果图

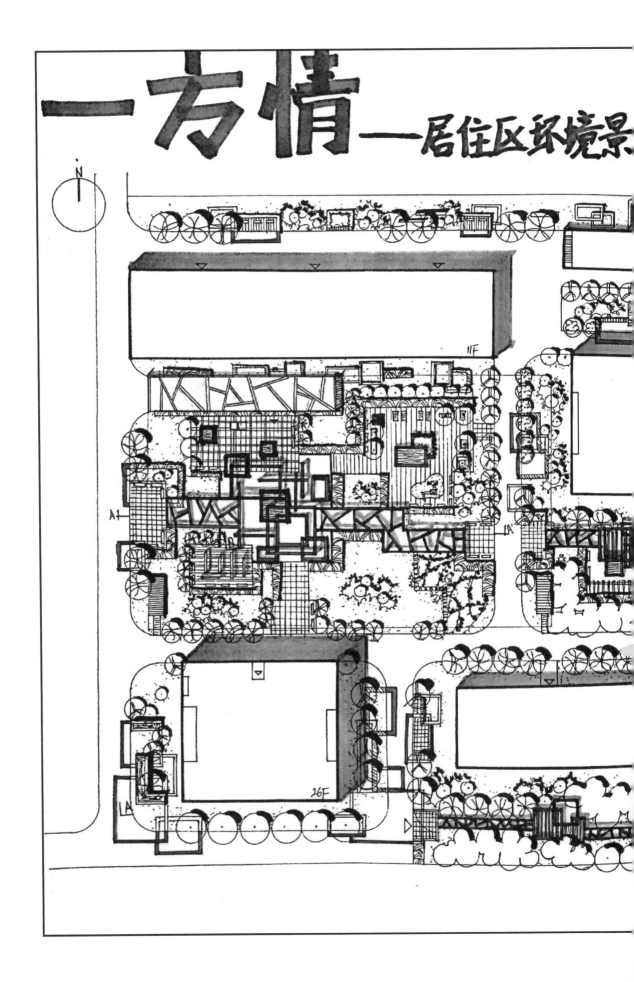

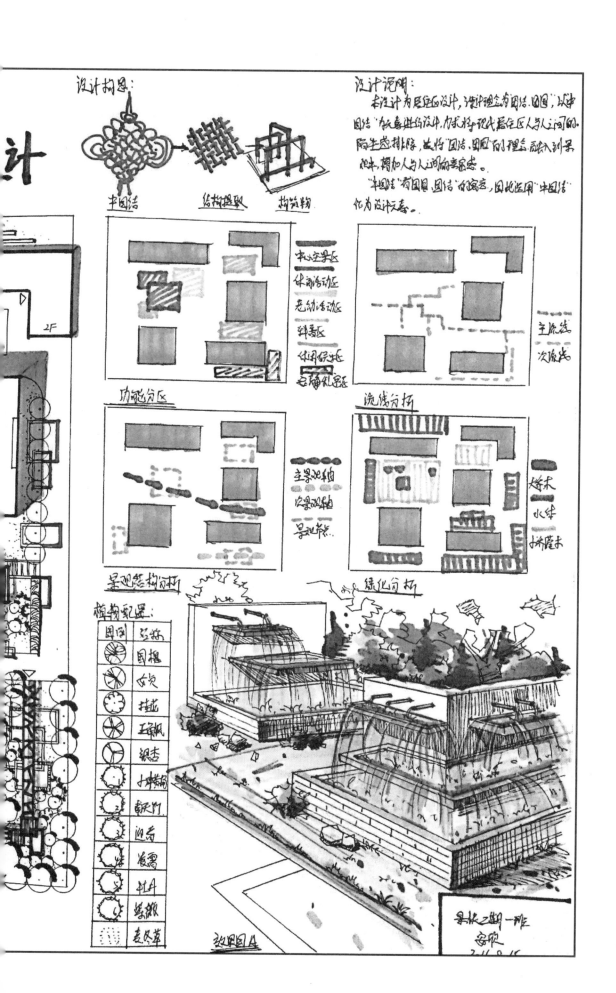

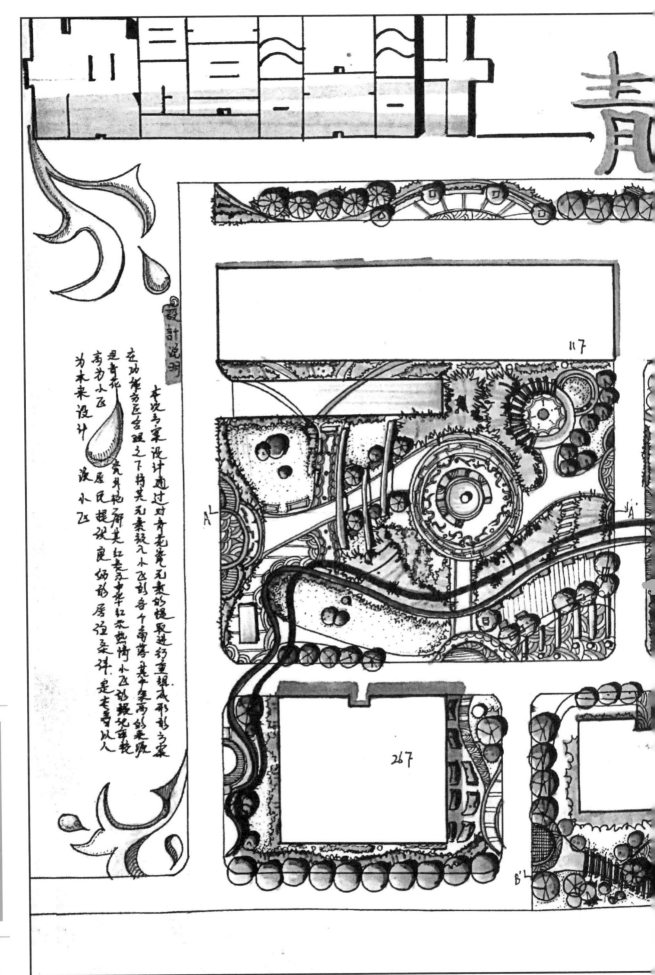

本次方案设计通过对青花瓷元素的提取进行重现成形彩之家走功能为居室趣之下特点无素融入小区别身手南等差千案高的来源是青花元身构了解美红麦芽中草花典情小区的报记录车钱房民提从良妈的层设柔详是老鲁以人高为小区没小区为未来设计

11_7

267

A'_

_A'

B'_

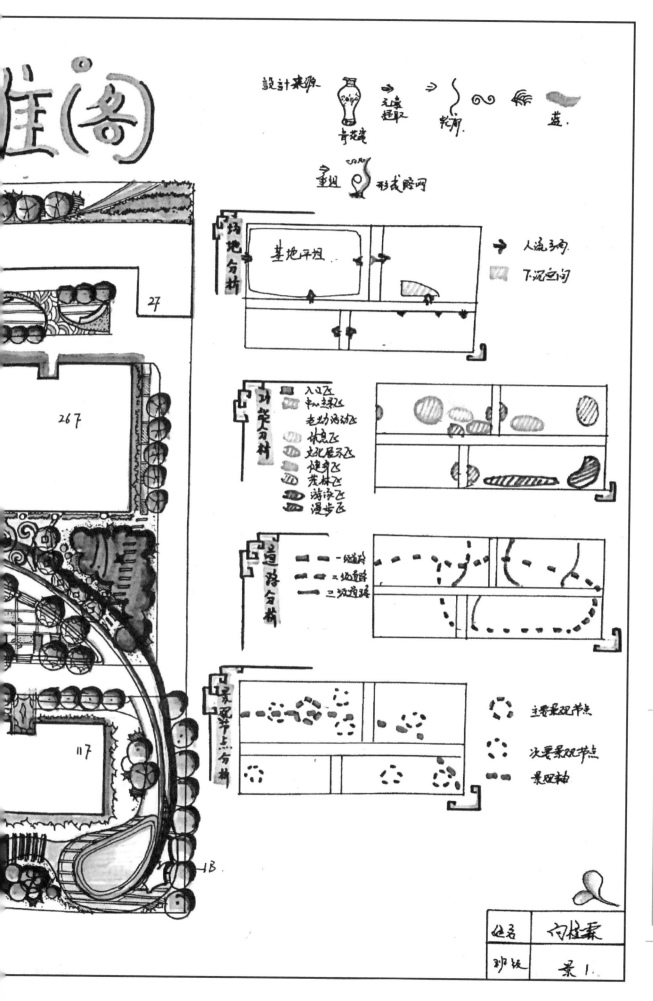

設計來源

奇花瓷 → 元素提取 ⇒ 〜 〜 花纹 蓝.

重现 ♀ 形式隐喻

場地分析   基地平坦

→ 人流方向
▨ 下沉空间

27

267

功能分析
入口区
中心水景区
老幼活动区
休息区
文化展示区
健身区
茶林区
游泳区
漫步区

道路分析
--- 一级道路
--- 二级道路
— 三级道路

景观节点分析
主要景观节点
次要景观节点
景观轴

117

HB

姓名 何桂霖
班级 景1.

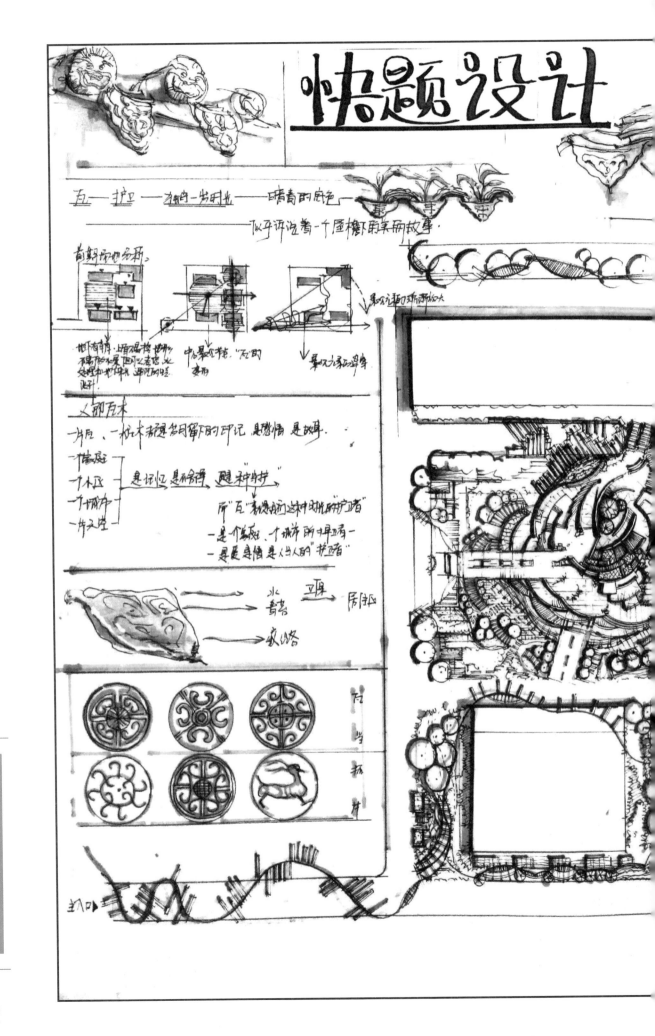

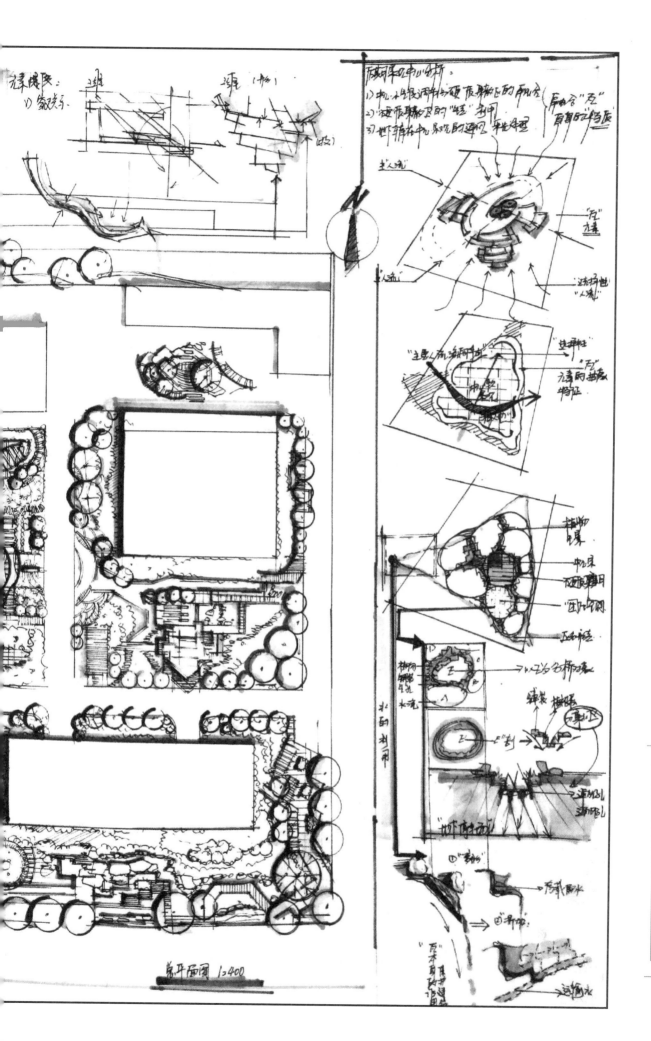

景平面图 1:400

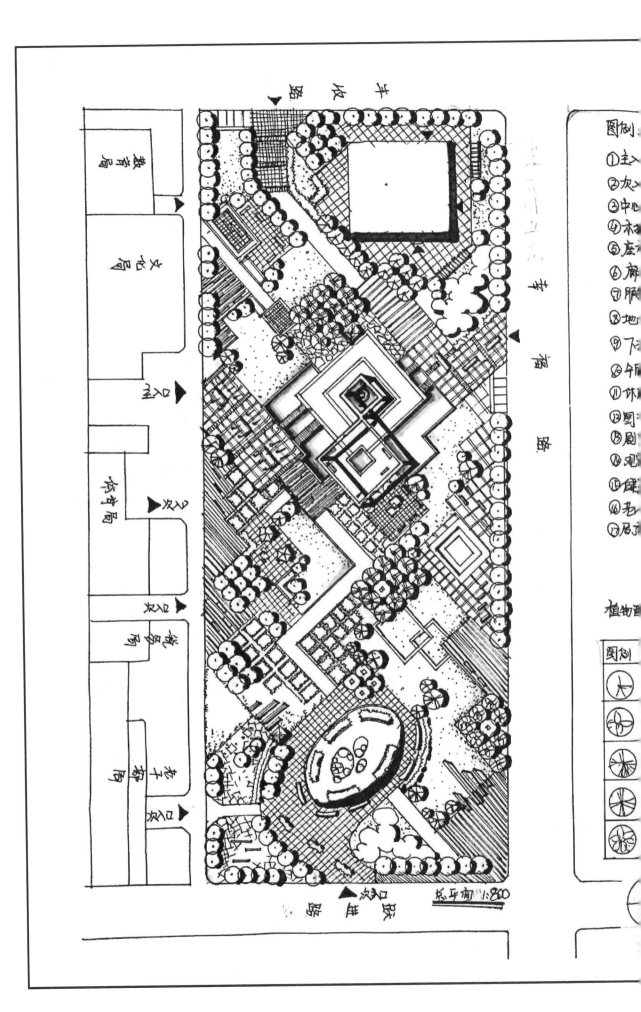

快题设计

基地分析:

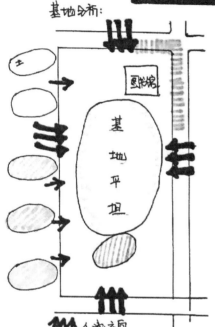

- ↟↟↟ 人流方向
- ▦ 防噪处理
- ▢ 教育局
- ▢ 文化局
- ▢ 体育局
- ▢ 机务局
- ▢ 老干局

功能分区:

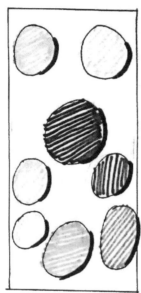

- ▨ 中心主题区
- ▢ 安静休息区
- ▨ 文化娱乐区
- ▢ 咖啡休闲区
- ▢ 老年散步活动区
- ▢ 歌剧院广场
- ▨ 观赏区
- ▨ 休息座椅区

交通分析:

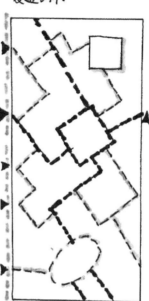

- ----- 主干道
- ⋯⋯ 次干道
- ⋯⋯ 消防通道

景观结构分析:

- 乔木
- 香樟
- 五桐
- 叶女贞
- 唠檬
- 草坪

- ◄► 主轴线
- ● 主节点
- ◄► 次轴线
- ● 次节点

设计说明:

设计来源: 根据图案, 是一根线条反顺序三次搭后, 形成周边有6个斜方格, 中心4个斜方格, 共10个斜方格。而这个线条看不到断点处, 故取其意。

寓意: 是佛教八神吉祥物之一, 光明无尽的温暖象征长生, 也被认为吉祥。

该设计为一个文化休闲广场设计, 该设计主要通过根花图案, 进行构思设计, 中心主要的四个斜方格代表着寿运, 然后由它向外进行延伸和切割, 把场地划分为不同的功能分区, 每个地块都经过规则的斜切形成, 中心主要为一个人流集散广场, 周围有开阔的草坪, 右侧剧院的层顶做了花园, 增加了广场绿化, 也丰富了空间层次。

2016.8.11

大禹手绘系列丛书　景观手绘教程

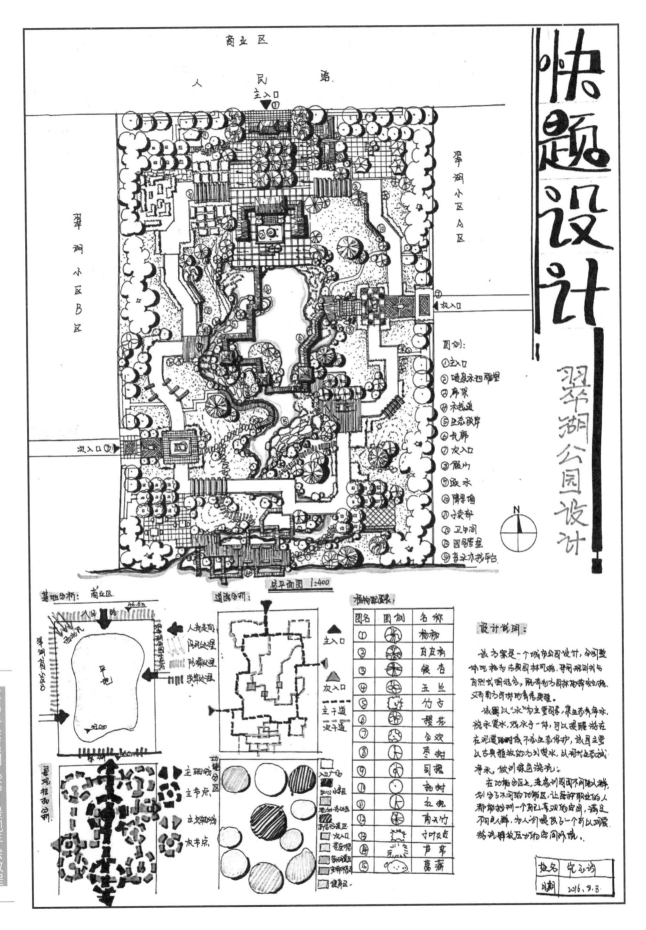

快题设计

翠湖公园设计

商业区

人民路

主入口

翠湖小区A区

翠湖小区B区

次入口

次入口

图例：
①主入口
②喷泉水池雕塑
③屏架
④木栈道
⑤生态驳岸
⑥长廊
⑦次入口
⑧假山
⑨跌水
⑩情景雕塑
⑪小卖部
⑫卫生间
⑬园务管理
⑭亲水木栈平台

N

总平面图 1:400

基地分析：商业区

道路分析

植物配置表

图名	图例	名称
①		杨柳
②		鸡爪槭
③		银杏
④		玉兰
⑤		竹子
⑥		樱花
⑦		合欢
⑧		枣树
⑨		国槐
⑩		桃树
⑪		扎叶
⑫		南天竹
⑬		寸叶麦冬
⑭		芦苇
⑮		葛薇

设计说明：

该方案是一个城市公园设计，令网整个观规划为古典园林风格，采用规则式与自然式园搭配名，既有规则式园林的整齐感，又有自然式园林的有序变化。

该园以"水"为主要观景，集生态为景水、快水瀑水，戏水于一体，可以便观游在在观道游时感不感生态得护，该园主要以古典致雅的为观赏水，以现代生态感成净水，做到绿色洗礼。

在功能分区上，共考虑到网间不同游人群划分为不同的功能区，让居都不职业的人都能找到一个可以享观的空间，满足不同人人群，为人们提供一个可以观游游玩的开放自由的空间内感。

主入口
次入口
主干道
次干道

姓名	毛必诗
日期	2016.9.8

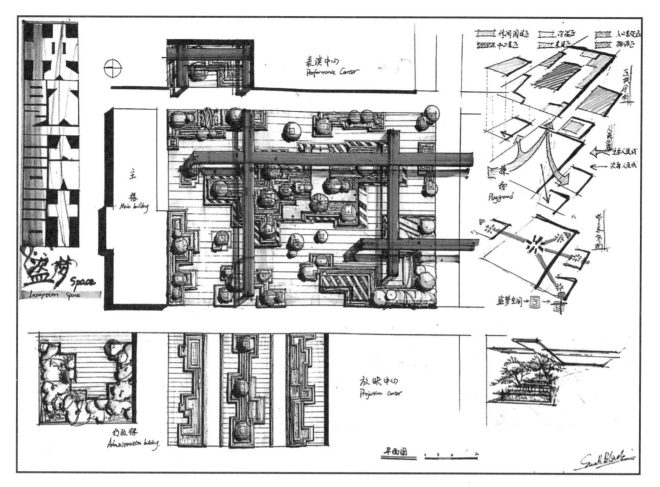

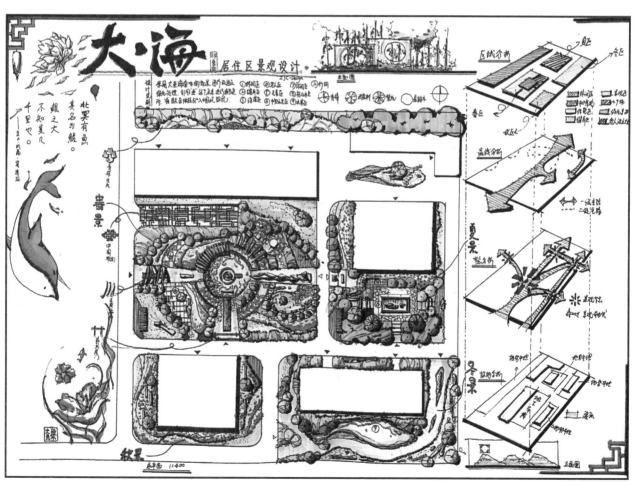

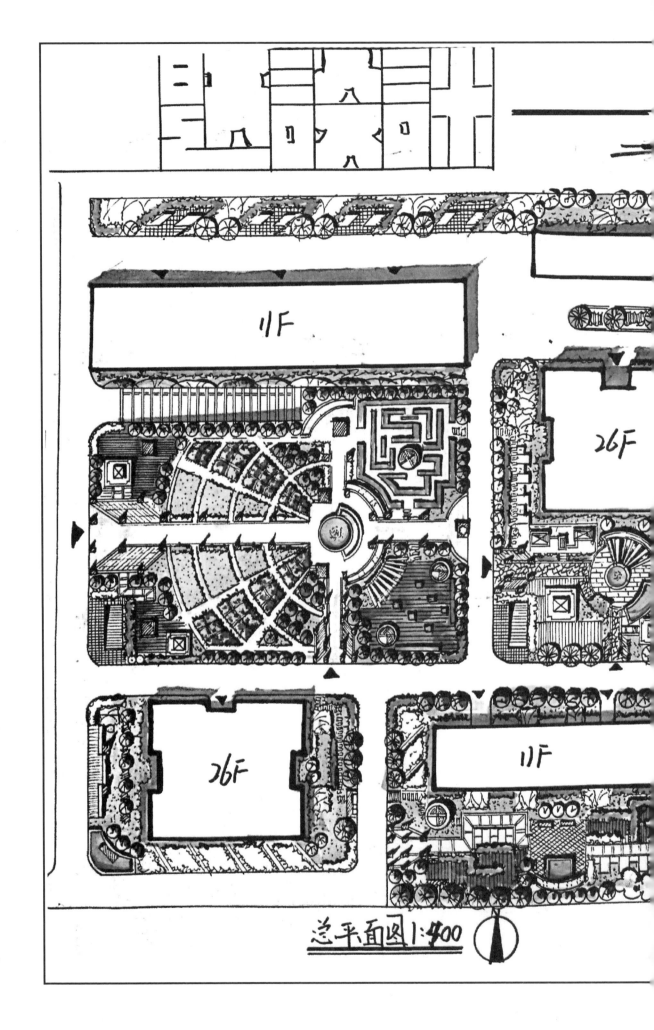

11F

26F

26F

11F

总平面图1:400

HACA

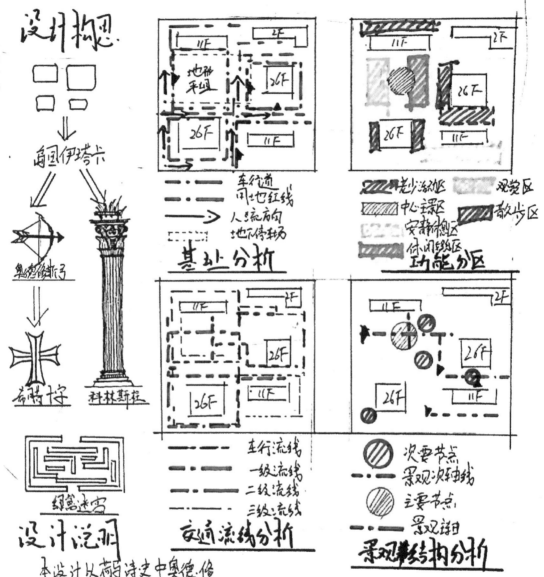

设计构思

阿国伊塔卡

奥德修斯弓

希腊十字

科林斯柱

绿篱迷宫

基址分析

车行道
用地红线
人流方向
地下停车场

功能分区

老少活动区
中心景观
安静休息区
休闲绿地区

观赏区
散步区

交通流线分析

车行流线
一级流线
二级流线
三级流线

景观结构分析

次要节点
景观次轴线
主要节点
景观轴

设计说明

本设计以荷马诗史中奥德·修
斯家乡伊塔卡美用的传说故事为蓝
本,以奥德修斯使用武器弓箭手工希腊柱
式及希腊十字为形式,以欧式柱廊围为
承载,为小区居民营造"家"之感.绿地
内开敞的草坪和高度围合的安静区形
成强烈对比及小区内高度绿化与外界环
境群明的对峙,都体现出住宅景观
中的"归属感"。

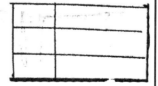

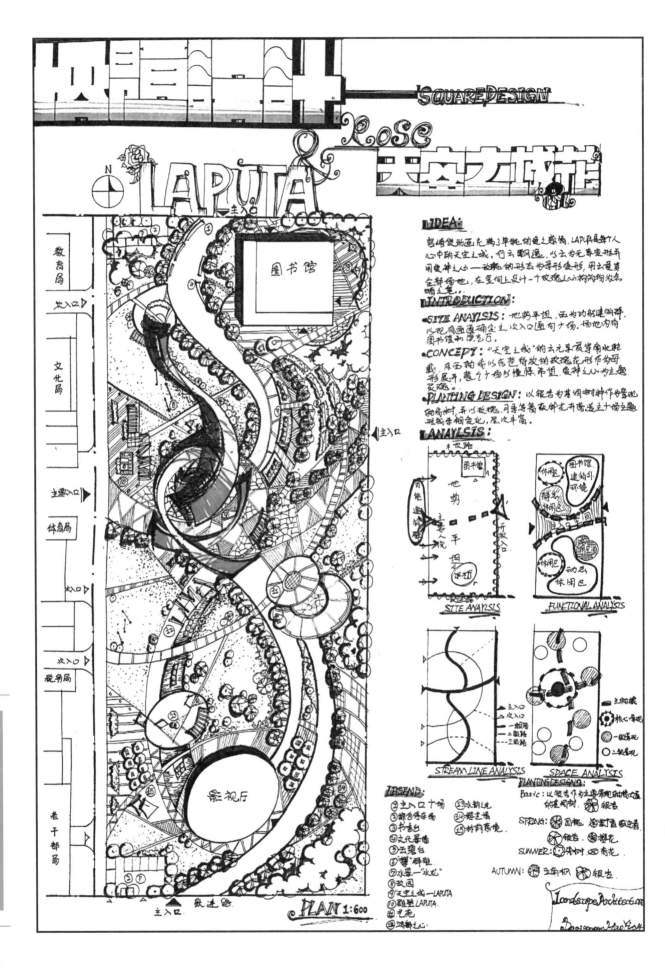

SQUARE DESIGN

LAPUTA & ROSE 天空之城市

IDEA:

宫崎骏动画充满了单纯纯真之感情，LAPUTA是每个人心中的天空之城，行云飘逸，以云为元素变形并用集种之心——玫瑰的形态为母形变形，用之连贯全部场地，在空间上设计一个玫瑰之心构构均为点睛之笔。

INTRODUCTION:

• **SITE ANALYSIS:** 地势平坦，西为功能建筑群，以视觉画面通确定主次入口通向广场，场地内有图书馆，注意石。

• **CONCEPT:** "天空之城"纳云为元素并贯穿南北枢载，在西轴线以玫瑰花绽放的玫瑰花形作为母形展开，整个场形慢慢，希望集种之心为主题发现。

• **PLANTING DESIGN:** 以银杏为基洞树种作为景观轴线树，并以玫瑰、月季等营造种花书造达主场主题形成季相变化，层次丰富。

ANALYSIS:

SITE ANALYSIS   FUNCTIONAL ANALYSIS

STREAM LINE ANALYSIS   SPACE ANALYSIS

PLANTING DESIGN:
Basic: 以银杏作为主要景观轴线大道纳建树种   银杏
SPRING: 圆柏 紫薇 红叶 银杏 紫薇
SUMMER: 体种 荷花
AUTUMN: 三角枫 银杏

LEGEND:
① 主入口广场
② 观台健身区
③ 书香台
④ 文化景墙
⑤ 云霄台
⑥ "誓" 群雕
⑦ 水景一"冰花"
⑧ 玫园
⑨ "天空之城—LAPUTA"
⑩ 雕塑LAPUTA
⑪ 花圃
⑫ 鸿轩之心
⑬ 水韵流连
⑭ 樱立塘
⑮ 树阵系境

Landscape Architecture
Dreaman Zhao Fang

图书馆

影视厅

教育局
文化局
体育局
税务局
老干部局

PLAN 1:600

大禹手绘系列丛书 景观手绘教程

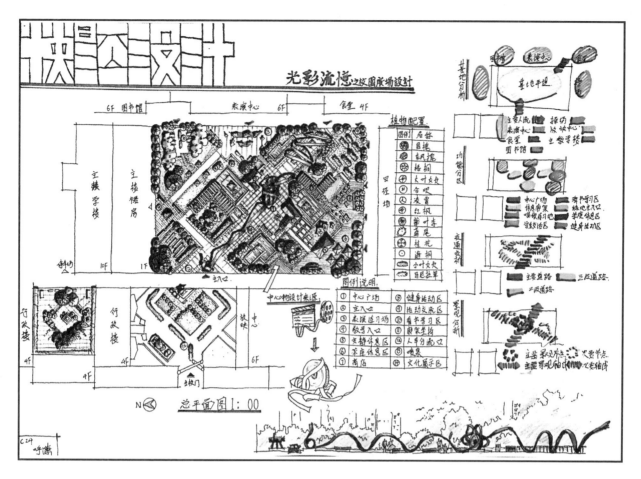

光彩流憶之校園廣場設計

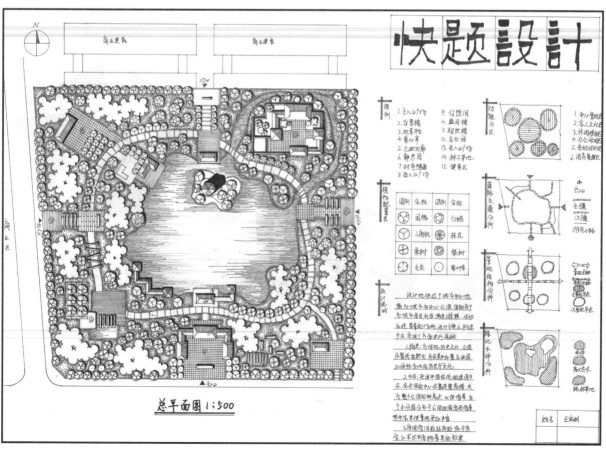

快題設計

总平面图1:500

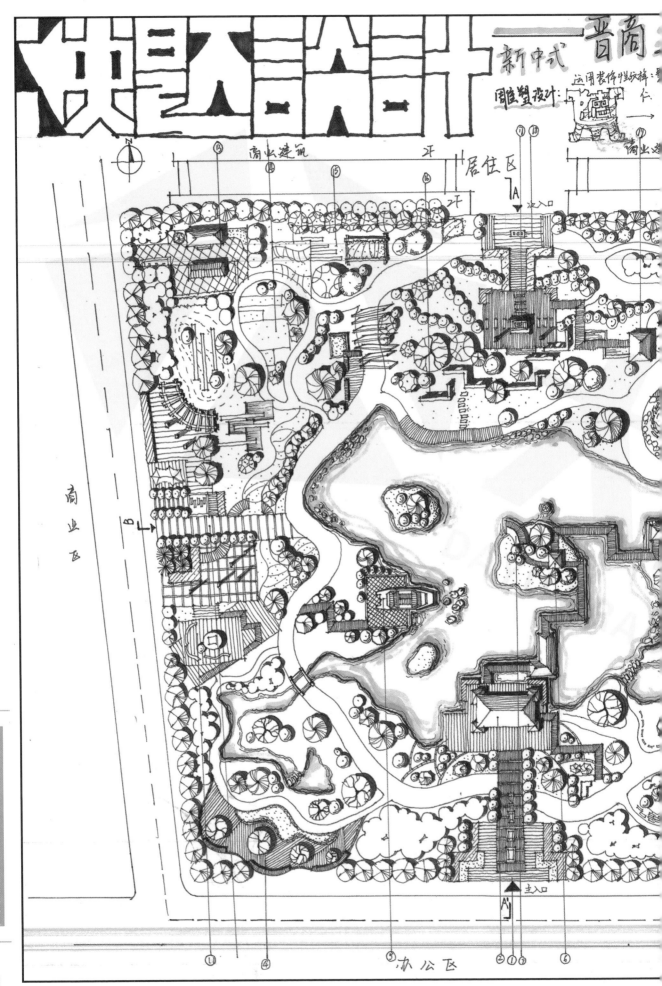

快题大设计 —— 新中式 —— 晋商

雕塑设计：

商业建筑   居住区

商业区

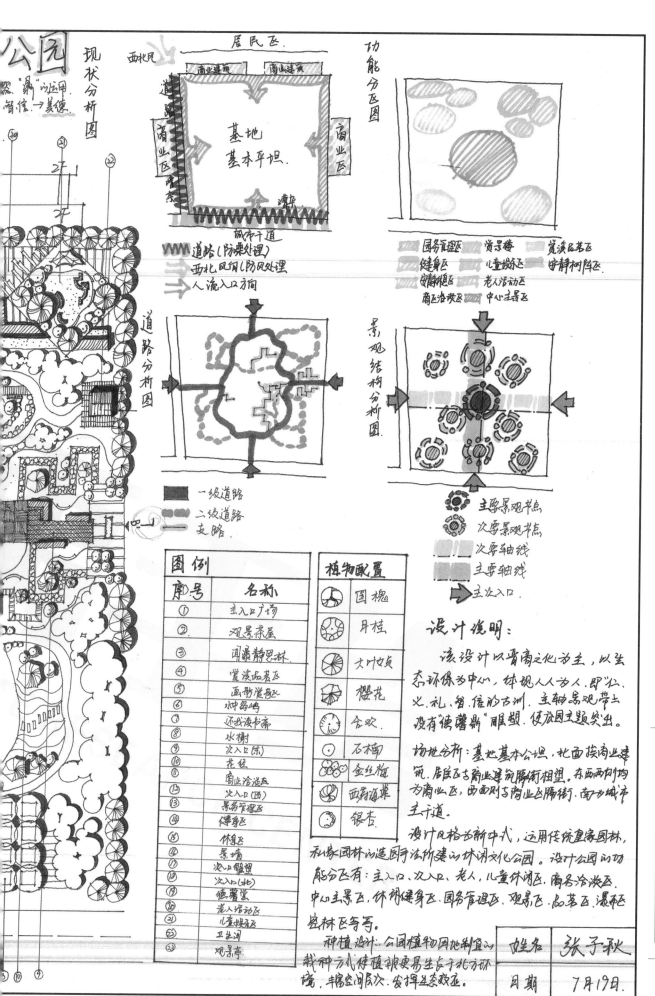

公园

现状分析图

居民区

西北风

商业建筑　商业建筑

功能分区图

道路　商业区噪声

基地
基本平坦.

商业区

城市干道

道路(防噪处理)
西北风向(防风处理)
人流入口方向

园务管理区　赏景廊　赏溪品茗区
健身区　儿童娱乐区　安静树阵区
清静区　老人活动区
商区洽淡区　中心主景区

道路分析图

一级道路
二级道路
支路.

景观结构分析图

主要景观节点
次要景观节点
次要轴线
主要轴线
主次入口.

图例	
序号	名称
①	主入口广场
②	观景茶屋
③	闻溪静思林
④	赏溪品茗区
⑤	画舫赏荷区
⑥	蛙鸣鸟鸣
⑦	还溪读书斋
⑧	水榭
⑨	次入口(东)
⑩	花径
⑪	商区洽淡区
⑫	次入口(西)
⑬	景务管理区
⑭	健身区
⑮	休闲区
⑯	景墙
⑰	次入口雕塑
⑱	次入口(北)
⑲	德馨堂
⑳	老人活动区
㉑	儿童娱乐区
㉒	卫生间
㉓	观景亭

植物配置	
	国槐
	丹桂
	大叶女贞
	樱花
	合欢
	石榴
	金丝梅
	西府海棠
	银杏

设计说明:

　该设计以晋商文化为主,以生态环保为中心,体现人人为人,即仁、义、礼、智、信等古洲.主轴景观带上设有"德馨鼎"雕塑.使龙园主题突出.

场地分析:基地基本平坦.北面挨商业建筑.居住区与商业建筑隔街相望.东西两侧均为商业区,西面则与商业区隔街.南为城市主干道.

设计风格为新中式,运用传统皇家园林私家园林的造园手法所建的休闲文化公园.设计公园的功能分区有:主入口、次入口、老人、儿童休闲区.商务洽淡区.中心主景区、休闲健身区、园务管理区、观景区、品茗区、瀑布区密林区等等.

种植设计:公园植物因地制宜以栽种方式使植被更易生长于北方环境,丰富空间层次.发挥生态效益.

	姓名	张子秋
	日期	7月19日

快题设计

① 中心主景区　⑥ 老年人活动区
② 入口集散广场　⑦ 儿童活动区
③ 景墙展示区　⑧ 居民休闲广场
④ 爱物观赏区　⑨ 青年休闲区
⑤ 健身区　⑩ 入口过渡区

"合"

平面如一似有几的玉，起为两玉相合之意，指美玉结合在一起
取其相合。象征合家团聚，合家欢乐，珠联璧合。

设计意象：

| 国槐 | 大叶女贞 | 樱花 | 桦树 |

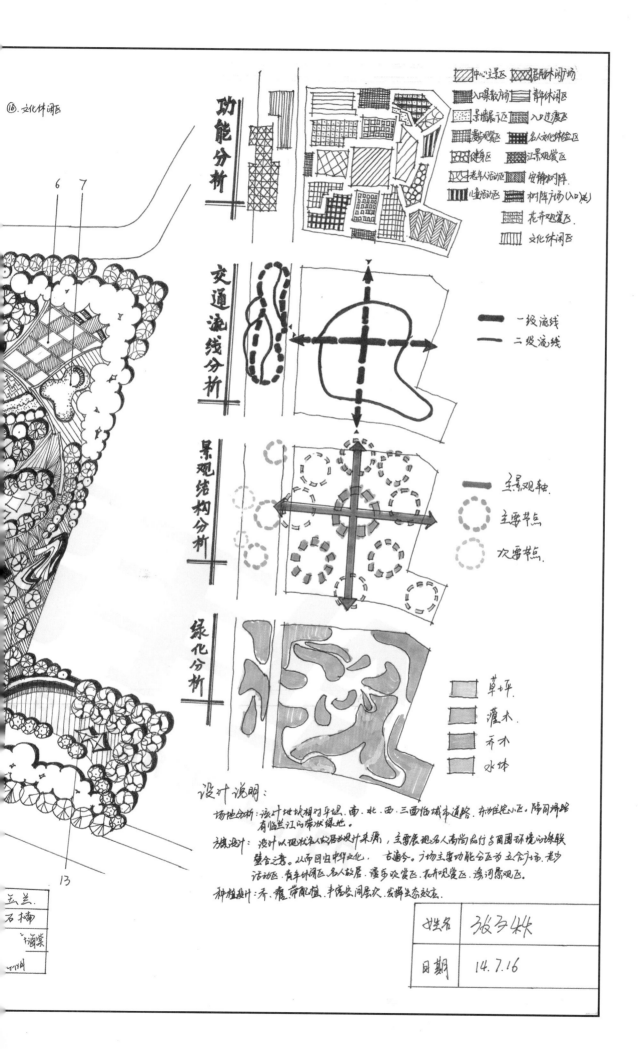

⑯ 文化休闲区

功能分析

交通流线分析

一级流线
二级流线

景观结构分析

主景观轴
主要节点
次要节点

绿化分析

草坪
灌木
乔木
水体

设计说明:

场地分析: 该计地块相对平坦。南.北.西.三面临城市道路。东为住宅小区。隔河相路有临兰江的带状绿地。

方案设计: 设计以现状名人故居为设计来源，主要展现名人高尚品行与周围环境的珠联璧合之意。从而回归中华文化。古道今。与物主要功能分区为 五舍广场. 老少活动区. 青年休闲区. 名人故居. 漫步欢赏区. 花卉观赏区. 滨河景观区.

种植设计: 乔. 灌. 草配植. 丰富空间层次. 发挥生态效应.

玉兰.
石楠
海棠

姓名	张多林
日期	14.7.16

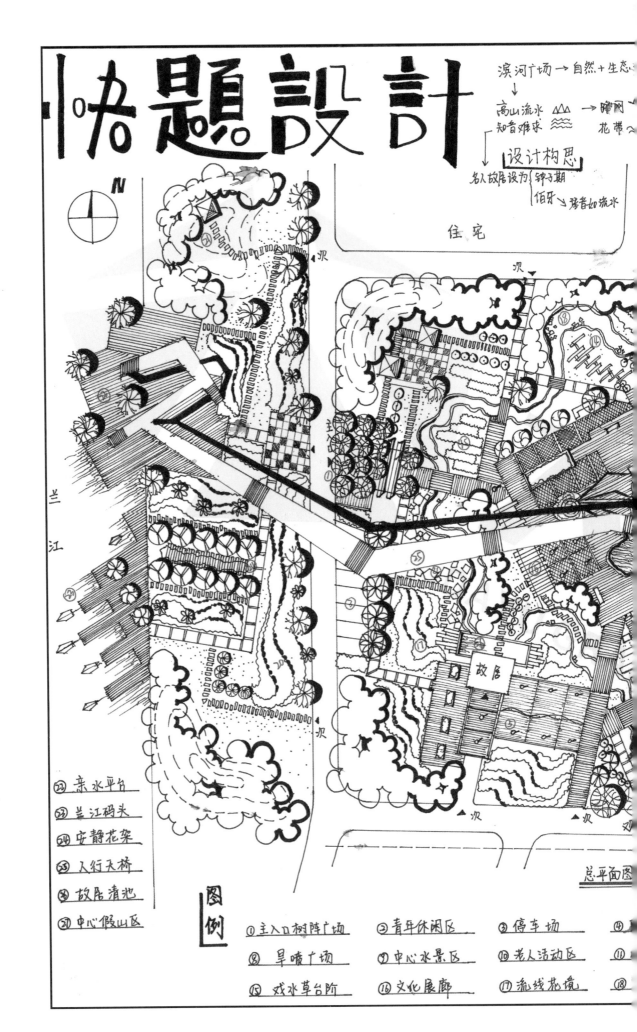

快题設計

滨河广场 → 自然+生态

高山流水 △△△ → 喷泉
知音难求 ～～～　花带

设计构思

名人故居设为 钟子期
佰牙 → 琴音如流水

住宅

N

兰江

住宅

故居

图例

㉒ 亲水平台
㉓ 兰江码头
㉔ 安静花架
㉕ 人行天桥
㉖ 故居清池
㉗ 中心假山区

① 主入口树阵广场　　② 青年休闲区　　③ 停车场
⑧ 旱喷广场　　⑨ 中心水景区　　⑩ 老人活动区
⑮ 戏水草台阶　　⑯ 文化展廊　　⑰ 流线花境

总平面图

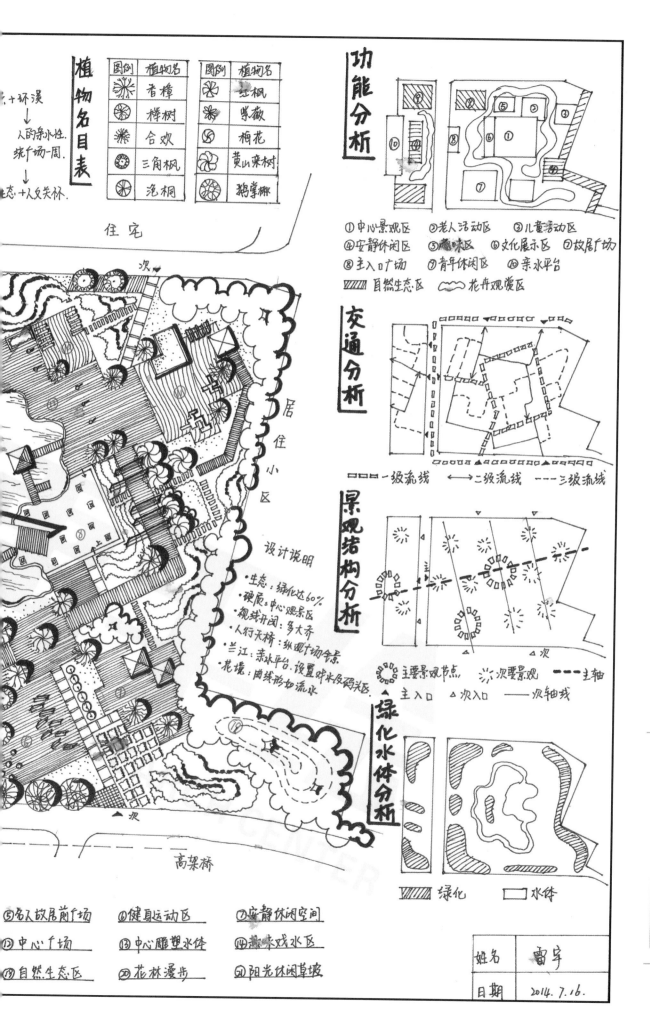

植物名目表

木+环溪
↓
人的亲水性
绕千场一周.

生态+人文关怀.

图例	植物名	图例	植物名
	香樟		红枫
	榉树		紫薇
	合欢		桂花
	三角枫		黄山栾树
	泡桐		鹅掌楸

住宅

功能分析

①中心景观区　②老人活动区　③儿童活动区
④安静休闲区　⑤趣味区　⑥文化展示区　⑦故居广场
⑧主入口广场　⑨青年休闲区　⑩亲水平台
自然生态区　　花卉观赏区

交通分析

一级流线　　二级流线　　三级流线

景观结构分析

主要景观节点　次要景观　主轴
主入口　次入口　次轴线

绿化水体分析

绿化　　水体

居住小区

设计说明

•生态：绿化达60%
•硬质：中心观景区
•观线开阔：多大齐
•人行天桥：纵观广场全景
•兰江：亲水平台，设置时水及码头处
•花境：曲线形如流水

高架桥

⑤名人故居前广场　⑥健身运动区　⑦安静休闲空间
⑫中心广场　　　⑬中心雕塑水体　⑭趣味戏水区
⑮自然生态区　　⑳花林漫步　　　㉑阳光休闲草坡

姓名	雷宇
日期	2014.7.16.

旧题设计

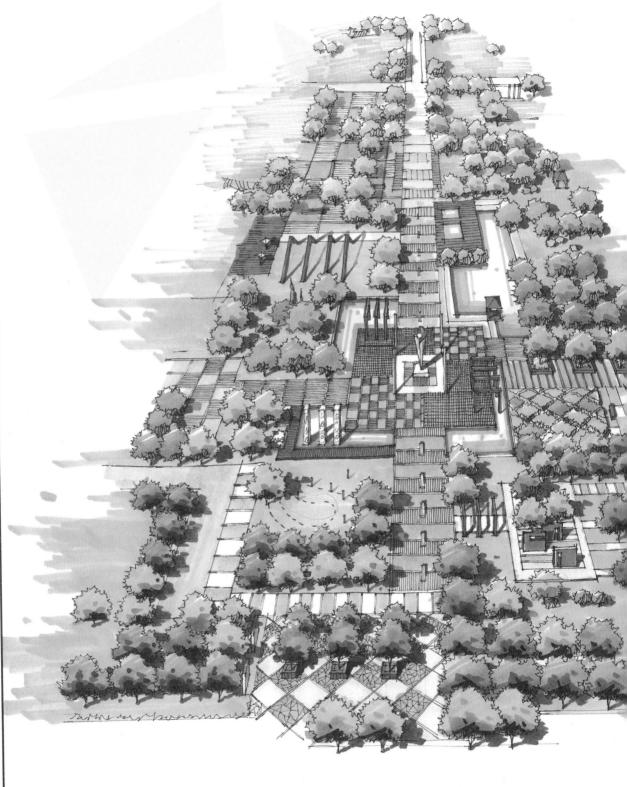

郭杰

同一地形不同学生的方案设计。

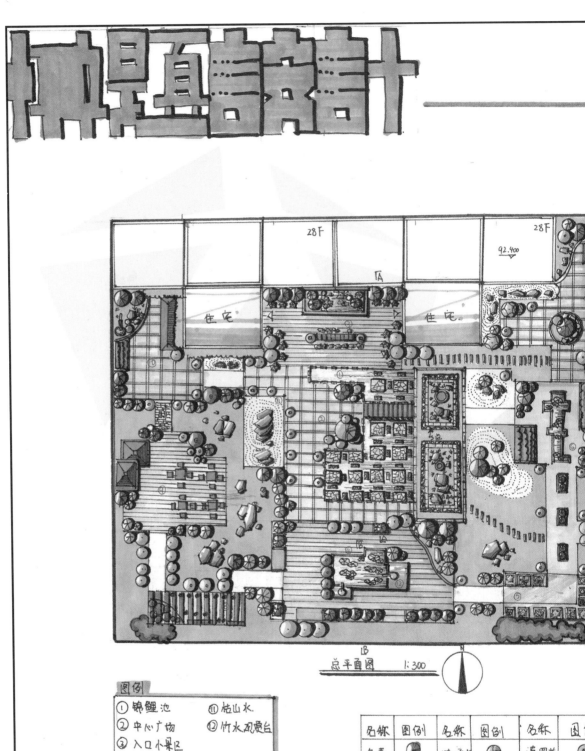

总平面图   1:300

图例
① 锦鲤池   ⑪ 枯山水.
② 中心广场   ⑫ 竹水观景台
③ 入口小景区
④ 休闲娱乐区
⑤ 植物观赏阳光房
⑥ 青年活动区
⑦ 商业洽谈区
⑧ 办公休闲区
⑨ 室外餐饮区
⑩ 老幼活动区

名称	图例	名称	图例	名称	图例
冬青		喷雪花		婆罗花	
红豆杉		卫矛		荷花玉兰	
月桂		桦树		金丝梅	
连翘		木槿		山茶	
八仙花		木瓜			

植物 配置表

禅净园屋顶花园

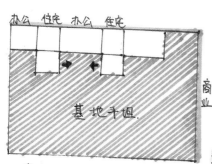

办公 住宅 办公 住宅

商业

基地手图

基地分析

办公

[图例] 设计区域
→ 主要人流

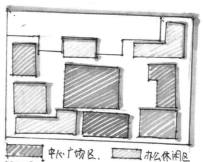

功能分区

[图例]
中心广场区.
老幼活动区.
商业洽谈区.
室外餐饮区.
休闲娱乐区.

办公休闲区
植物观赏区
青年休闲区
入口广场

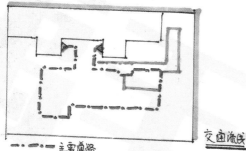

交通流线

[图例]
— — — 主要道路
······· 次要道路
▷ 出入口

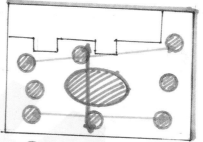

景观分析图

[图例]
主要节点   ←→ 景观主轴
次要节点   ←→ 景观次轴

设计说明

　该屋顶花园为日式风格,将"禅"字展开,全园围绕日式风格中的名薛园.枯山水,多石园.锦鲤鱼池.小桥以及特色竹水和石灯的应用到设计中,并大量应用黑色,既充满了质朴的禅乡美感,又提升了私密性.离笆拼栏的内侧,增加竹子的种植,柔化了空间,使之更素和宽敞,让游人放松下来。

设计思路

禅 ····> 禅 ····> [图形] ····> [图形] 功能分区

日式景观设计要素:

1. 缩减规模 ····> 小桥
2. 象征化 ·····> 水.石.沙 ····> 枯山水
3. 借鉴思想 ·····> 中式设计 ····> 木门. 木瓦

日式特色

[图形] 竹水

[图形] 日式石灯

台薛

姓名: 李雪松淼

2014. 7. 26

大禹手绘系列丛书　景观手绘教程

快题設計——凤

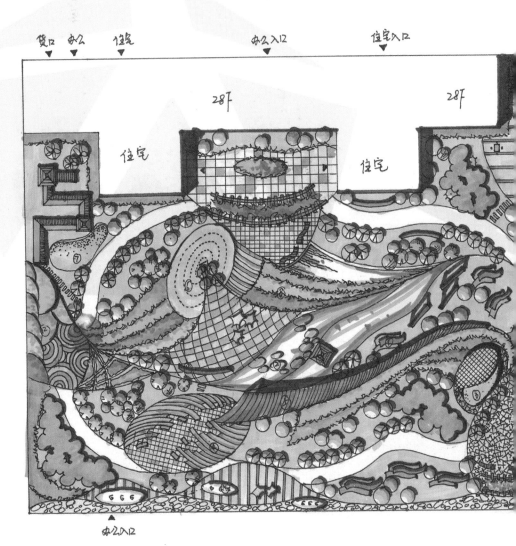

貸口　办么　1他宅　　　办么入口　　　住宅入口

287　　　287

住宅　　　住宅

办么入口

总平面图 1:300

植物配置

图例	名称	图例	名称	图例	名称	图例	名称
○	木槿		石竹	⊙	腊梅		二月兰
	爬枝构集		萱尾		月季		紫藤
	桂花		酢浆草		红枫	⊙	结青
	樱花		音多		葡萄		麦草

涅槃 顶花园

设计构思

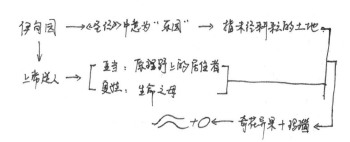

伊甸园 → 《圣经》中意为"乐园" → 指未经耕耘的土地
↓
上帝造人 → [亚当：原旷野上的居住者 / 夏娃：生命之母]
~ +0 ← 奇花异果 + 珍禽

功能分区：

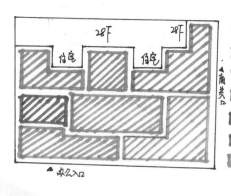

- 入口区
- 老幼活动区
- 办公休闲区
- 青年休闲区
- 花卉观赏区
- 私密休闲区
- 中心景观区

基地分析

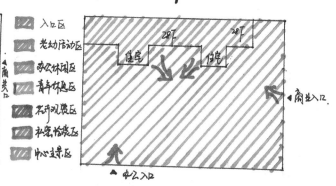

流线分析：

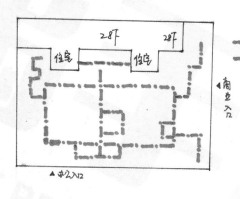

- 主干道
- 次干道

景观结构分析.

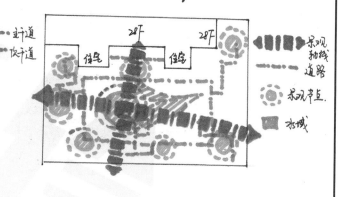

- 景观轴线道路
- 景观节点
- 水域

图例.

① 立体花坛.
② 水中漫步.
③ 偷得一憩.
④ 错落草坪.
⑤ 碧浪飞架.
⑥ 泥球小景.
⑦ 时光沙坑.
⑧ 彩带花篱.
⑨ 水别廊架.
⑩ 温馨咖啡座.
⑪ 镂空景墙.
⑫ 花卉展台.
⑬ 水上小序.
⑭ 玛瑙旱喷.

设计说明：

本方案为某综合楼屋顶花园设计. 设计采用伊甸园的田园风格, 营造舒适惬意幽静, 清闲的休憩环境. 整体采用曲线式设计手法, 突显自然之态, 体现和谐之音. 入口设计尼球小景, 直接表明伊甸园之故事, 全园以花卉为主, 配以小乔、灌木、草本. 为综合楼内办公人群及居住的小区居民提供一个休闲娱乐的良好生活.

姓名	许敏

大禹手绘系列丛书　景观手绘教程

中题设计

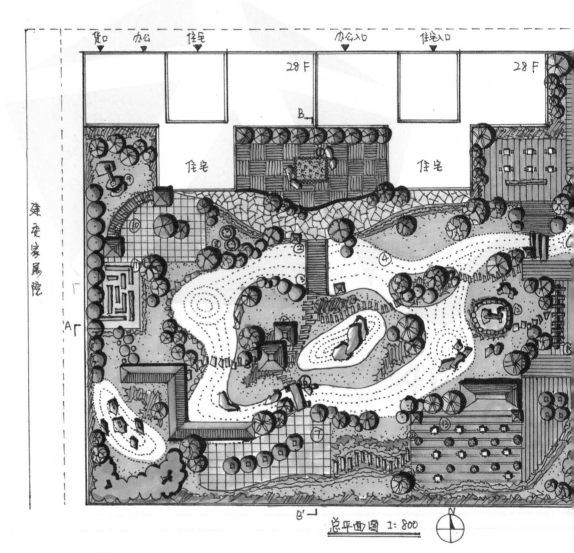

总平面图 1：800

图例

① 竹石小景　② 石灯笼　③ 竹桥
④ 枯水　⑤ 观景亭　⑥ 石桥
⑦ 办公休闲广场　⑧ 石钵　⑨ 滴水石本
⑩ 老年休息连廊　⑪ 儿童游戏绿篱迷宫
⑫ 惊鹿　⑬ 石桌凳　⑭ 装饰花钵
⑮ 单臂花架　⑯ 休闲躺椅

植物配置表

序号	图例	名称	序号	图例	名称
1		鸡爪槭	6		住
2		木槿	7		
3		石榴	8		黄
4		金丝桃	9		黄
5		垂丝海棠	10		个

日式屋顶花园设计

现状分析图

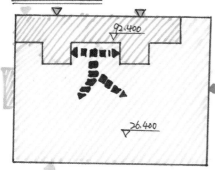

92.400

26.400

住宅区 设计区域
建筑隶属院 住宅入口
主要人流 商业入口
办公入口

景观结构分析

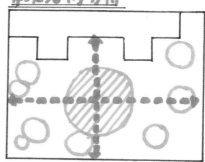

主要景观轴
次要景观轴
主要节点
次要节点

功能分区图

中心景观区 办公休闲区
老年人活动区 餐饮区
商务洽谈区 安静休闲区
儿童游戏区

流线分析图

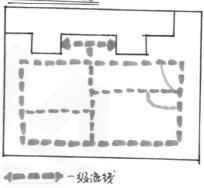

一级流线
二级流线
游园小径

设计说明

本设计为日式风格的屋顶花园，其中布置了大量假山、木平台、石灯笼、惊鹿、石钵等日式风格浓厚的小品，小径两旁簇拥着各色形缤纷的花境，布水山贯穿园中，功能分区合理，满足居民、商业人士和办公人员的需要，是一个环境优雅的屋顶花园。

贾婷宇

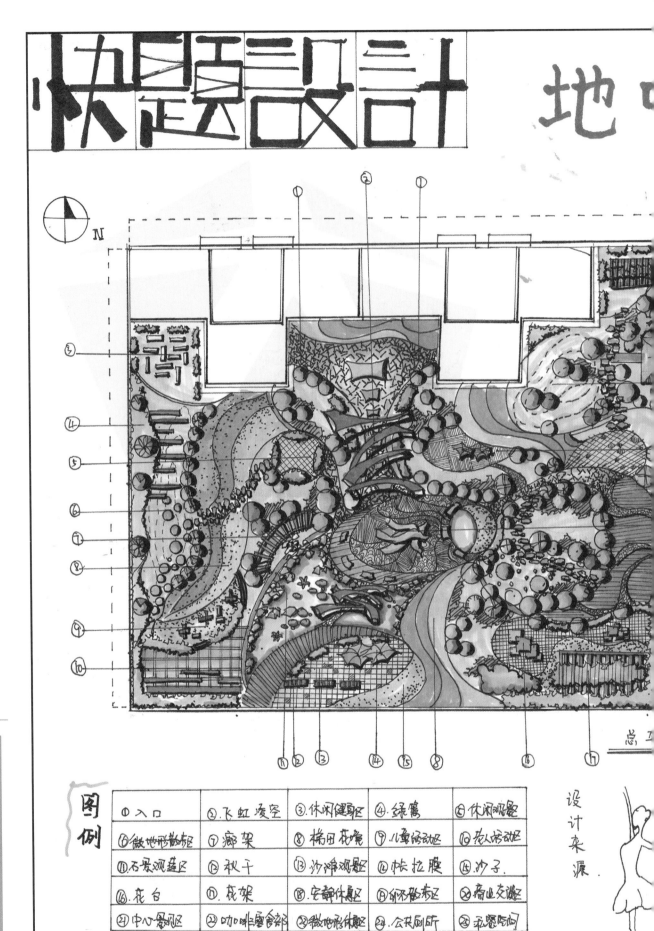

快题设计　地

图例	①.入口	②.飞虹凌空	③.休闲健身区	④.绿篱	⑤.休闲观景
	⑥.微地形散布区	⑦.廊架	⑧.梯田花境	⑨.儿童活动区	⑩.老人活动区
	⑪.石景观莲区	⑫.秋千	⑬.沙滩观景区	⑭.帐拉膜	⑭.沙子
	⑯.花台	⑰.花架	⑱.安静休息区	⑲.份不散布区	⑳.商业交流
	㉑.中心景观区	㉒.咖啡厅会所	㉓.微地形休息区	㉔.公共厕所	㉕.私密空间

总

设计来源

大禹手绘系列丛书　景观手绘教程

148

海风情屋顶花园

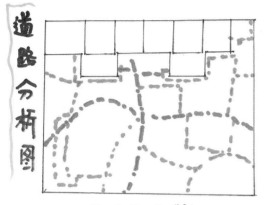

道路分析图

—— 屋顶花园主要道路.

---- 屋顶花园次级道路.

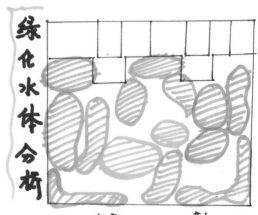

绿化水体分析

花灌木　　灌木

水体

功能分析图

①入口过渡. ②中心观景. ③石景观赏区.

④沙滩观景区 ⑤安静休息区 ⑥水系观赏区

⑦花境观赏区 ⑧微地形休息 ⑨商业休闲区

⑩亲子活动区 ⑪体闲健身区

景观结构分析

主要节点.　　次要节点.

←--→ 主轴线　　▲ 入口

设计说明:

本设计以自然式的布局手法,
用一些曲线的形式构成了线简单,
圆润的风格.地中海风格.采用
亮丽的色彩构成了特色的屋顶花
园景色.蓝色的海洋、白色的沙子、
红色的构筑物形成了地中海式官

植物配置	⊕	大叶女贞	⊗	木槿.	⊗	四季桂
	☉	龙爪槐	⊛	山茶	⊕	紫薇
	⊛	樱花	⊙	石榴	⊕	栌花

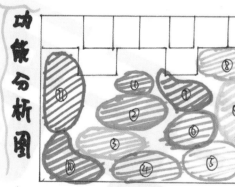

抽取曲线元素　　抽象变形

设计构思:

休息⇒安静休息区

屋顶花园 ⇒ 散步⇒小路. 微地形散步区. 溢局环境.

慢乐⇒中心观景. 观赏. 嬉戏区.

观景⇒观景平台. 花架.

姓名	王亚蕾
日期	2014.7.26

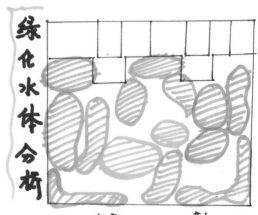

大禹手绘系列丛书　景观手绘教程

快題設計 寻竹

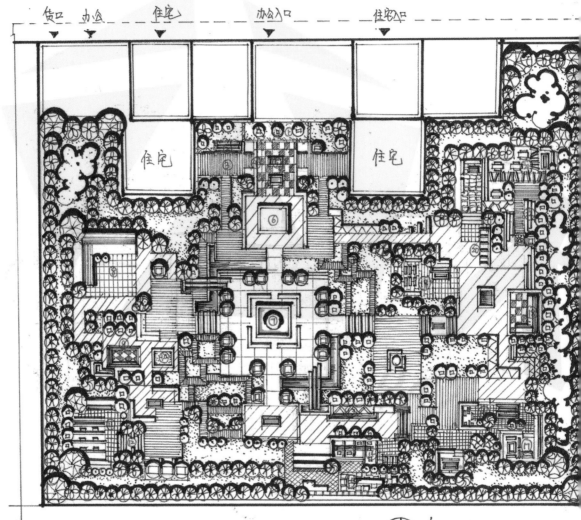

货口 办公 住宅 办公入口 住宅入口

住宅   住宅

总平面图 1:300   N

图例：

①	入口观竹区	⑦	中心主景区	⑬	过渡广场叠水小品
②	入口叠水	⑧	老人休息广场	⑭	休息区品竹亭
③	入口踏竹区	⑨	儿童游乐下沉广场	⑮	休息区观景台
④	入口隔断	⑩	儿童游乐沙坑	⑯	休息区听竹亭
⑤	水池	⑪	休息区观竹亭	⑰	休息区
⑥	过渡广场水池	⑫	楼梯平台	⑱	过渡广场服务区

屋顶花园设计

基地分析图:

基地平坦

交通流线分析图:

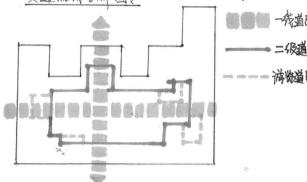

- ▢▢▢ 一级道路.
- ——— 二级道路.
- ----- 游憩道路.

景观结构分析图:

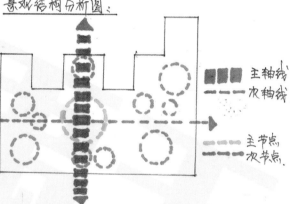

- ▢▢▢ 主轴线.
- 次轴线
- ----- 主节点.
- 次节点.

功能分析图:

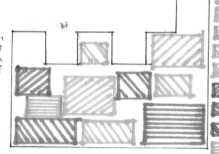

- 中心主景区
- 过渡广场服务区
- 商务怡谈休息区
- 品茶区
- 入口景观区
- 老人活动休息区
- 住区人口休息区
- 健身区
- 儿童活动休息区
- 安静休息区

绿地分析图:

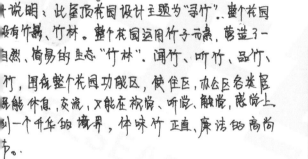

- 乔木
- 灌木
- 草坪
- 水体.

说明、此屋顶花园设计主题为"寻竹". 整个花园
设有竹影、竹林。整个花园运用竹子元素, 营造了一
自然、简易的生态"竹林". 闻竹、听竹、品竹、
竹, 围绕整个花园功能区, 使住区, 办公区各类宜
居能休息, 交流, 又能在视觉、听觉、触觉, 感觉上
到一个升华的境界, 体味竹正直、廉洁的高尚
节。

健身区			
庭院场所景			
商洽谈休息区.			
婆罗木小品.			

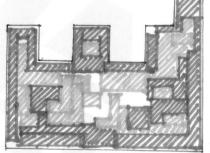

✪	女贞	▣	木槿
⊙	枣树	✿	海棠
▣	玉角枫	▤	萱草
✿	黄杨.	✿	红豆杉
✿	冬青		
✺	龙角槭		

姓名	赵青

快題設計

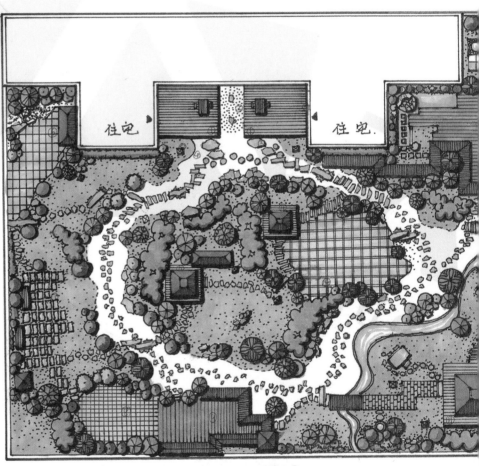

总平面图 1:300

图例:
①入口平台
②枯山水点景
③青石踏板
④鹅卵石铺设
⑤石灯、石塔
⑥健身活动区
⑦休闲娱乐区

⑧儿童嬉戏平台
⑨老年活动广场
⑩木桥
⑪茶室
⑫赋料理餐厅
⑬咖啡屋
⑭休闲庄场

⑮怡迷长廊
⑯商业怡波广场
⑰私宅休闲平台
⑱等候长廊
⑲接待桌

名称	四
冬青	
红豆杉	
山茶	
杨花迁兰	

植物配...

屋顶花园 之 "玉川庭"

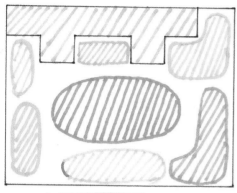

功能分区分析图

- ▨ 中心主景区
- ▨ 主入口广场
- ▨ 商务恰谈区
- ▨ 私家休闲区
- ▨ 老人儿童休闲区
- ▨ 办公休闲区
- ▨ 健身广场

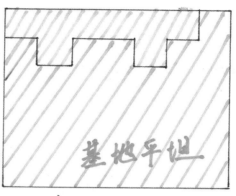

基地平坦

基地分析.

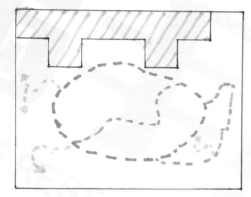

交通流线分析

- ---- 一级流线
- ---- 二级流线
- ---- 三级流线

设计构思

屋顶花园 → 喧嚣中寻找静谧 → 休闲、享受、反观自身.

着乃着比之位莱 → 日本园林风格 → 独立的设计风格延续之妙方"

↳ 茶庭 → 石灯笼、石水钵、卵石、绿色、小桥、曲径.

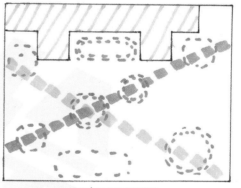

景观结构分析图

- ▨ 主要景观轴
- ▨ 次要景观轴
- ⊙ 主要节点
- ⊙ 次要节点

设计说明

"露地唯生趣外之道; 洗净心尘之地"
本次设计的主题是居住区顶花园, 风格定位于日式风格. 选取日本园林中茶庭与日游结合的形式, 来表现幽静、优雅的环境, 整体设计比较偏重写意, 重于近距离观, 试图表现出大自然的美与静谧感.

姓名	郭静
日期	14. 7.26

快题設計

操场

道平面图: 1:800

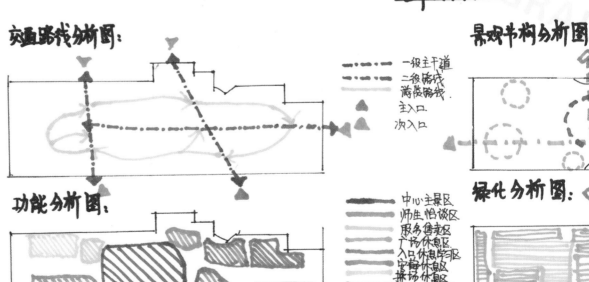

交通路线分析图:

景观节构分析图:

一级主干道
二级路线
游览路线
主入口
次入口

功能分析图:

中心主景区
师生怡谈区
服务售卖区
广场休息区
入口休息导引区
安静休息区
排场休息区
校园文化展示区
医务休息区
过渡广场区

绿化分析图:

设计来源：

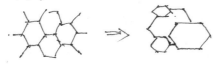

仿蜂巢居住理论：资源优化＋良好的生存环境＋简单的社会关系＝无忧时代。

资源优化寓意校园资源做求平衡。

良好的生存环境寓意校园环境优良有利学生集体健康发展。

简单的社会关系即把师生从繁杂的社会关系拉到一边，简单悠闲的来话学习。

校园文化即无忧时代。

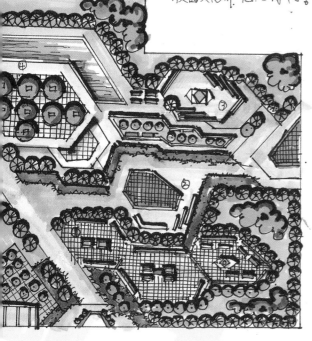

成规学院

①	校园文化展示区	⑪	亲水平台
②	医务前广场	⑫	下沉水池
③	医务休息区	⑬	休息区小树阵广场
④	入口水池	⑭	休息区滨水小廊亭
⑤	师生怡谈区	⑮	微地形
⑥	中心主广场	⑯	体育休闲区
⑦	蜂巢雕塑	⑰	操场入口树阵广场
⑧	中心广场小廊架		
⑨	信服务部		
⑩	服务部小水池		

植物配置：

⊕	栾树	✿	大叶女贞
⬠	五角枫	⊕	合欢
⊙	银杏	▦	香樟
⊙	石楠	●	樱花
▣	法国梧桐	✺	

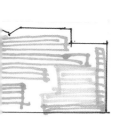 

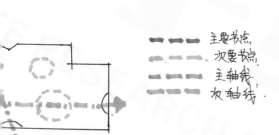

主要节点
次要节点
主轴线
次轴线

草坪
乔木
灌木
水体

设计说明：

此设计主要仿蜂巢居住理论，运用水、木、石等各种自然元素与蜂巢演化的形式，为校园定位为一个学生老师探究自然，研究社会科学的无忧校园时代。功能组合理，空间层次丰富，寓意深刻。

姓名	赵青

快题设计

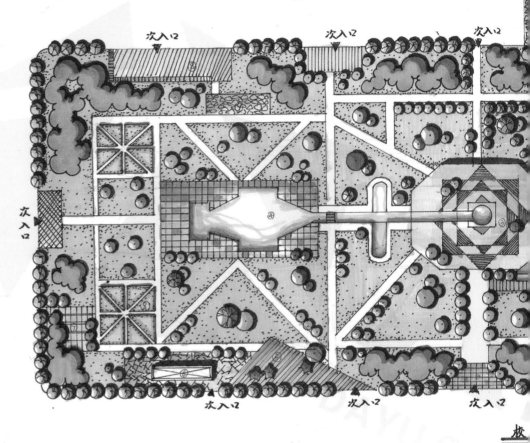

次入口　　　次入口　　　次入口

次入口

次入口　　次入口　　次入口

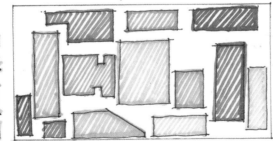

功能分区图

道路分析图

- [休养区] 休养区
- [休闲区] 休闲区
- [植物欣赏区] 植物欣赏区
- [集会广场] 集会广场
- [交流区] 交流区
- [休闲广场区] 休闲广场区
- [展览区] 展览区
- [观景区] 观景区
- [主入口广场区] 主入口广场区
- [中心水景区] 中心水景区
- [休闲售卖区] 休闲售卖区
- [咖啡区] 咖啡区

- - - - 一级道路
- - - - 二级道路

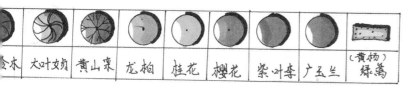

合木	大叶女贞	黄山栾	龙柏	桂花	樱花	紫叶李	广玉兰	(黄扬)绿篱

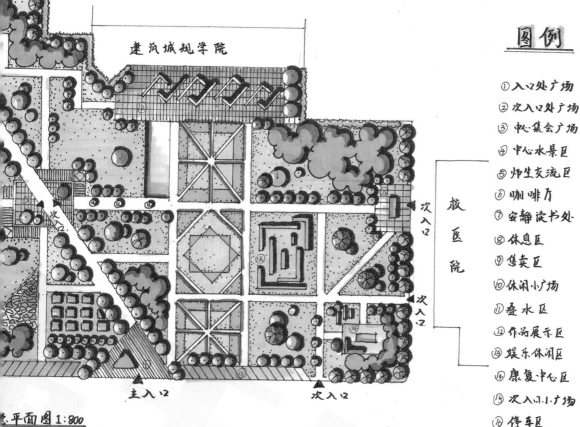

建筑城规学院

总平面图1:800

主入口　　　　　次入口

次入口　次入口

校医院

图例

① 入口处广场
② 次入口处广场
③ 中心集会广场
④ 中心水景区
⑤ 师生交流区
⑥ 咖啡厅
⑦ 安静读书处
⑧ 休息区
⑨ 售卖区
⑩ 休闲小广场
⑪ 叠水区
⑫ 作品展示区
⑬ 娱乐休闲区
⑭ 康复中心区
⑮ 次入口小广场
⑯ 停车区

設計說明

构思：国际学校 → 西方几何形的中轴对称 + 传统中国
中西结合现代 ←　　　+　　←木材
↓
以学生的生活、学习方便为主，辅以休闲娱乐
多便捷的捷径 ←

此次地块位于中外合办的校园中，设计中总体考虑到中西文化的差异，结合巴洛克时期几何形的中轴对称方式，同时针对于学生的学习，提供更便捷的捷径。功能设计根据周围环境相呼应。绿化面积相对比较大，便于学生们的休闲娱乐。

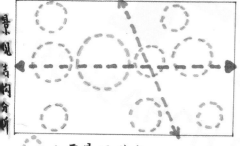

景观结构分析

○ 主要景观节点
○ 次要景观节点
↔ 主要景观轴线
↔ 次要景观轴线

张小雪

中题设计

—— 校园景观设计

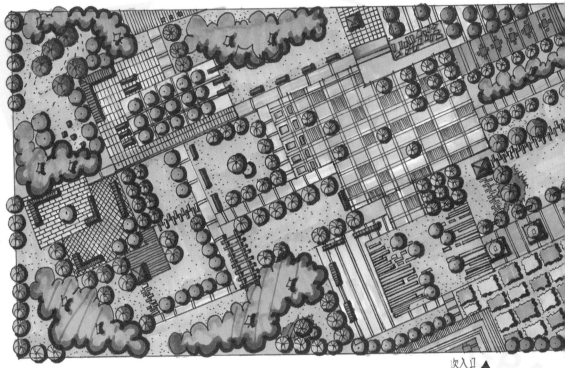

次入口 ▲

<u>总平面图</u>

功能分区图

中心水景区
植物观赏区
文化展示区
健身休息区
密语林
次入口广场
主入口广场
安静休息区

道路

景观结构分析

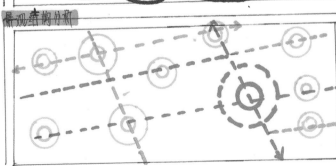

– – – 主要景观轴
– – – 次要景观轴
○ 次要景观节点
◎ 主要景观节点

观光

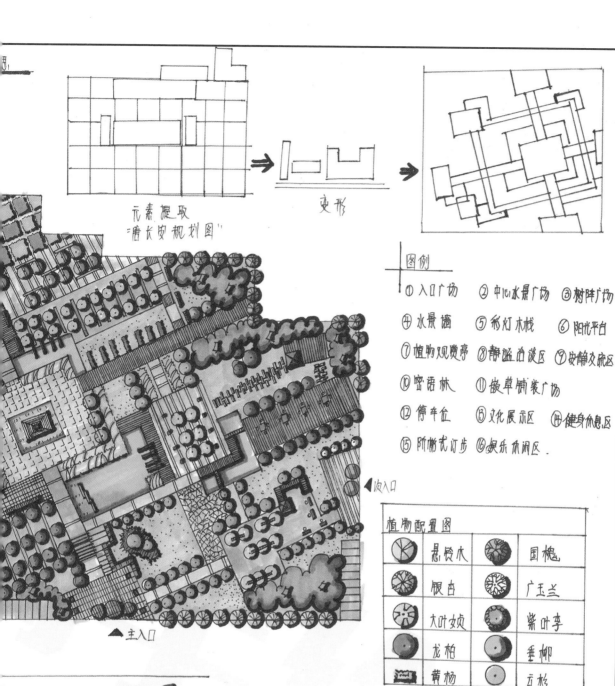

元素提取
"隋长安规划图"

变形

图例
① 入口广场　② 中心水景广场　③ 树阵广场
④ 水景墙　⑤ 彩灯木栈　⑥ 阳光平台
⑦ 植物观赏亭　⑧ 静谧洽谈区　⑨ 安静交流区
⑩ 密语林　⑪ 嵌草铺装广场
⑫ 停车位　⑬ 文化展示区　⑭ 健身休息区
⑮ 阶梯式汀步　⑯ 娱乐休闲区

▲ 次入口

▲ 主入口

植物配置图

	名称		名称
	悬铃木		国槐
	银杏		广玉兰
	大叶女贞		紫叶李
	龙柏		垂柳
	黄杨		云杉

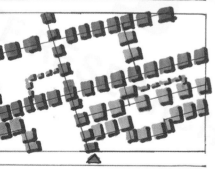

■ 主道路
■ 次道路
--- 三级道路

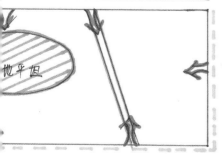

➡ 西北风（防风处理）
--- 道路（防噪处理）
➡ 人流走向

设计说明

本设计为一校园绿地，校园作为师生生活学习的地方，旨在提供一个快捷又有停留驻足的地方。方案以规则式手法进行设计，校园是严谨的同时又是活跃的，功能设计上眼据周边环境整体满足全校师生课余生活所需空间。植物配置上注重乔灌草的搭配，使四季各有各的景观，配置合理。

姓名	王新新
日期	2014.7.23

快题设计 某校

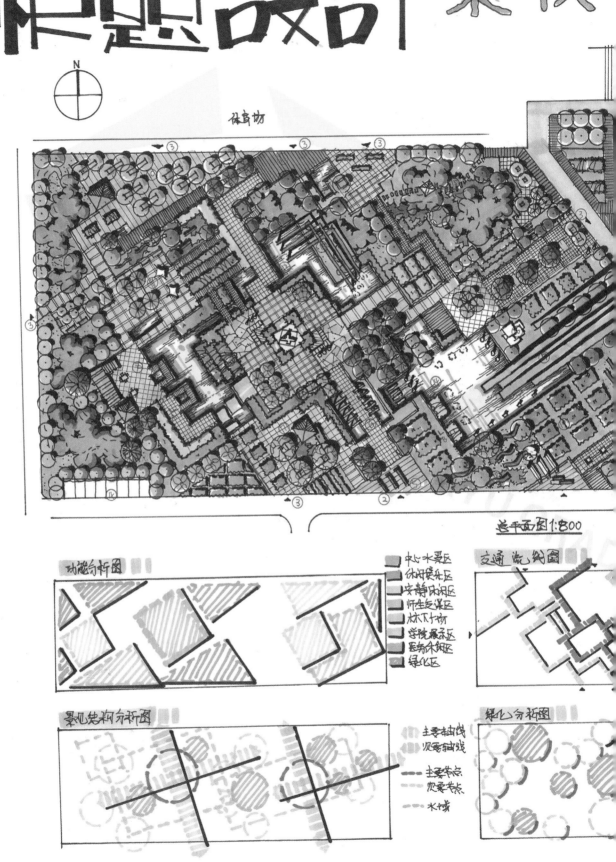

体育场

N

总平面图 1:800

功能分析图
- 中心水景区
- 休闲娱乐区
- 安静休闲区
- 师生交流区
- 林下广场
- 学院展示区
- 服务休闲区
- 绿化区

交通流线图

景观结构分析图

绿化分析图
- 主要轴线
- 观景轴线
- 主要节点
- 次要节点
- 水域

景观规划設計

设计构思

校园文化 → 建筑与规划学院 → 土木枢纽 → 鲁班

院有物质精神 → 校园特色、教学特色 → 强调人文气息 → 榫卯元素 → 凹凸结合的连接方式

与周边环境对接的呼应 → 提取人文精神 → 古建建筑、古家具、木刻器材

建筑规划学院

榫卯　直榫

图例:

① 中心广场景观
② 主入口
③ 次入口
④ 停车场
⑤ 入口景墙
⑥ 时光走廊
⑦ 师生休闲区
⑧ 休闲回廊
⑨ 樱花广场
⑩ 休闲绿荫广场
⑪ 入口木栈道广场
⑫ 中心湖区
⑬ 景观树造景
⑭ 小喷泉
⑮ 观景亭
⑯ 小雕塑
⑰ 垂直绿带
⑱ 曲线景墙
⑲ 花园
⑳ 小跌水
㉑ 绿岛
㉒ 按形水景
㉓ 精致小品
㉔ 红枫广场
㉕ 下沉广场
㉖ 观景木栈道
㉗ 树阵广场
㉘ 名人雕塑
㉙ 双轨迹

校医院

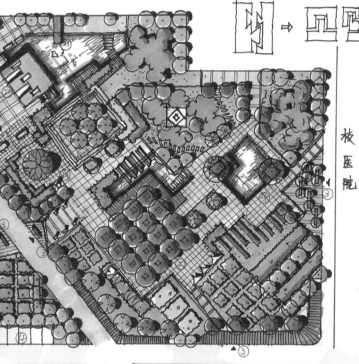

主大楼

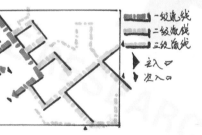

一级流线
二级流线
三级流线
主入口
次入口

乔木
灌木
草木

植物配置表

图例	名称
	国槐
	五角枫
	银杏
	广玉兰
	女贞
	樱花
	丁香
	栾树
	紫薇
	石楠
	海棠
	紫叶小檗
	黄杨
	箬

设计说明

本方案由校园文化着手,为反映学校的人文精神,由建筑规划学院引渡出人文精神,由榫卯建筑的榫卯结构进而衍生出人文精神,体现出校园特色。

功能上的处置遵从各功能区之间相互交融且各具特色,从宏观、中观、微观三个不同的层次来考虑景观营造,为了突出校园文化特色,在局部的节点和转折处运用雕塑、廊柱、浮雕,榫卯等景观小品来突出校园文化氛围。

在植物配置上通过以植物围合空间,选用乔、灌、草多层次复式绿化,增加单位面本上的绿化率,使其可持续发展。

通过榫卯形期形布局使学生在最短的时间距离达到一个或多个限定的目的地,考虑到柔性的限距规律和生活可得,遵从规律之间移动的一般次序。

姓名	张钺全

快題設計

体育场

资口

▲次入口   ▲次入口

现状分析图

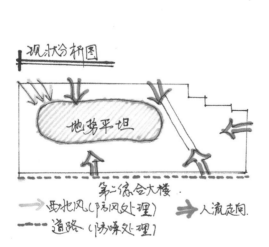

地势平坦

第二综合大楼

→ 西北风 (防寒风处理)   → 人流走向

--- 道路 (防噪处理)

景观功能分析图

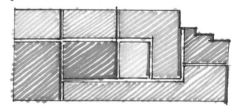

林下休息区   滨水休闲区

静谧活动区   中心广场区

安静休息区   娱乐活动区

校园文化展示区

某大学校园景观設計

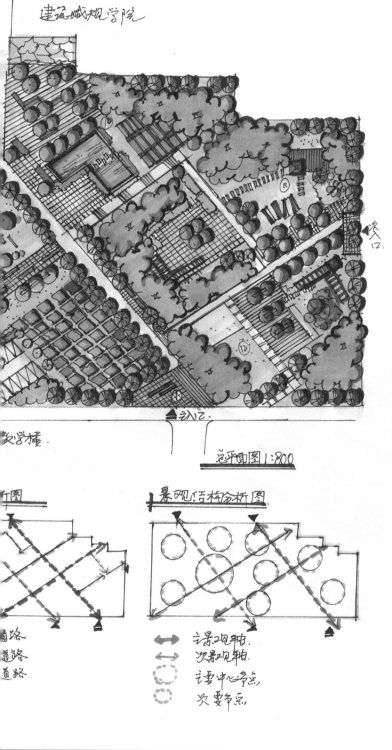

建筑城规学院

建筑城规学院

教学楼

总平面图1:800

图例:

① 入口广场
② 停车场
③ 运动娱乐区
④ 出入广场区
⑤ 室外休闲区
⑥ 群溢活动区
⑦ 林下休息区
⑧ 木栈道
⑨ 滨水休闲区
⑩ 文化展示区
⑪ 安静休闲区
⑫ 休闲阳晒草坪

设计说明:

该绿地为长条状绿地,该设计
以规则式手法设计,体现生态,人
与校园的理念.

景观结构分析图

道路
道路
道路

景观轴.
次景观轴.
主要中心节点.
次要节点.

杨倩倩

大禹手绘系列丛书　景观手绘教程

1. 用地范围和界限

掌握道路中心线、道路红线、绿化控制线、用地界限、建筑控制线等专业术语的含义和技术常数。

2. 场地出入口

机动车出入口距大中城市干道交叉口的距离，自道路红线交叉点起不应小于 70m；距非道路交叉口的过街人行道边缘不应小于 5m；距公共交通站台边缘不应小于 10m；距公园、学校等建筑物的出入口不应小于 20m；当基地与城市道路衔接的通路坡度较大时，应设缓冲坡段。

3. 道路与交通设施

（1）城市道路分为快速路（6~8 车道，设计时速 80km/h）、主干路（6~8 车道、设计时速 60km/h）、次干路（4~6 车道，设计时速 40km/h）、支路（3~4 车道，设计时速 30km/h）4 个等级。每条机动车车道宽度 3.5~3.75m。

根据国内城市道路建设的经验，机动车道（指路缘石之间）的宽度，双车道取 7.5~8.0m，3 车道取 11.0m，4 车道取 15m，6 车道取 22~23m，8 车道取 30m。

（2）道路断面类型为：1 板块、2 板块、3 板块和 4 板块。

（3）居住区内道路分为居住区道路（红线宽度不宜小于 20m）、小区路（路面宽 6~9m）、组团路（路面宽 3~5m）和宅间小路（路面宽不宜小于 2.5m）。

小区内主要道路至少应有 2 个出入口，居住区内道路至少应有两个方向与外围道路连接，机动车道路对外出入口间距不应小于 150m。沿街建筑物长度超过 150m 时，应设不小于 4m×4m 的消防车通道。居住区内设置尽端式道路的长度不宜大于 120m，并应在尽端设不小于 12m×12m 的回车场地。常见的回车场地如图 10.1 所示。

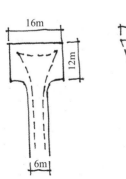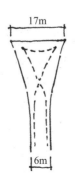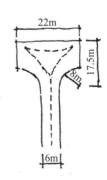

图 10.1　常见回车场平面示意图

（4）车辆停放方式有平行、斜列、垂直式，如图10.2所示。

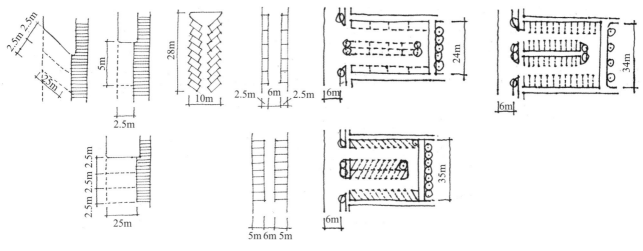

图10.2　车辆停车方式示意图

少于 50 个停车位的停车场可设一个出入口，其宽度宜采用双车道；50~300 个停车位的停车场应设两个出入口；大于 300 个停车位的停车场出入口应分开设置，两个出入口之间的距离应大于 20m。1500 个车位以上的停车场，应分组设置，每组应设 500 个停车位，并应各设有一对出入口。

（5）单位停车面积的计算：小型汽车 25~30m^2（地面）、30~35m^2（地下）。

停车场车位数的确定以小型汽车为标准当量表示。

摩托车每个停车位：2.5m×2.7m，自行车的单位停车面积：1.5m×1.8m。

标准小汽车停车位尺寸：2.5m×5m。

4. 绿地与广场

（1）绿地。城市绿地是指以自然植被和人工植被为主要存在形式的城市用地，包括公园绿地、生产绿地、防护绿地、附属绿地、其他绿地。其中公园绿地又可以分为综合公园、社区公园、专类公园、带状公园和街旁绿地。城市公共活动广场集中成片绿地不应小于广场总面积 25%。居住区公共绿地总指标：居住区（含小区与组团）不少于1.5m^2/人，小区（含组团）不少于 1m^2/人，组团不少于 0.5m^2/人。

绿地率：新区建设不应低于 30%，旧区改造不宜低于 25%。组团绿地的设置应满足有不少于 1/3 的绿地面积在标准的建筑日照阴影线范围之外的要求，以便于设置儿童游戏设施和适于成人游憩活动。

（2）广场。根据构成要素，广场可分为建筑广场、雕塑广场、水上广场、绿化广场等。根据国家规定与节约土地要求，规定：小城市中心广场的面积 1~2hm^2，大中城市广场面积 3~4 hm^2。城市人均广场面积 0.2~0.5 hm^2。

　　广场设计的主要内容包括处理好广场的面积与比例尺度、广场的空间组织、广场上建筑物和设施的布置、广场的交通流线组织、广场的地面铺装与绿化、城市中原有广场的利用改造。

　　在城市广场的空间组织中，轴线的运用既便于组织广场内部的活动分区和景观秩序，又有助于同周边环境取得有机联系。

5. 常用场地中的大尺寸

　　足球场：长 105m，宽 68m。

　　篮球场：长 26m，宽 14m，中圈直径 3.5m，三秒区底线 6m；投球线到底线 5.8m，如图 10.3 所示。

　　排球场：长 18m，宽 9m，如图 10.4 所示。

　　网球场：长 23.77m，宽 10.97m，如图 10.5 所示。

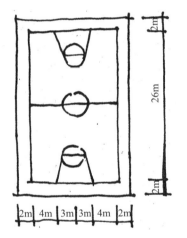

图 10.3　篮球场平面图

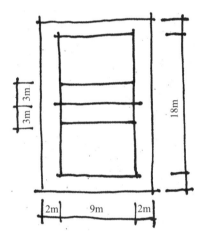

图 10.4　排球场平面图

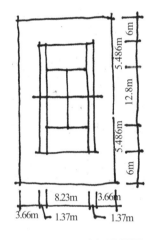

图 10.5　网球场平面图

　　羽毛球场：长 13.4m，宽 6.1m。

　　壁球场：单打场长 9.75m、宽 6.4m、高 5.53m，双打场地长 13.72m，宽 7.62m、高 6.1m。

　　国际标准短池：长 25m，宽 12.5m，水深 1.4~2m。

　　国际标准泳池：长 50m，宽 25m，水深 1.4~2m。

　　200m 跑道：长 124m，宽 43.5m。是国内小学常用的跑道类型，以方便学生运动。

　　400m 跑道：国际田联比赛的标准跑道有三种规格，半径分别为：36m、36.5m、37.898m。一般分布为 8 道，中间设有标准足球场及两半圆区的铅球、链球、跳高、跳远项目，其足球场面积约

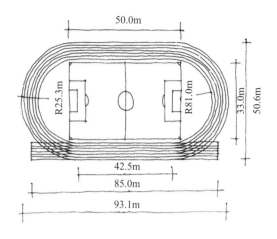

图 10.6　400m 跑道平面图

7140m²，如图 10.6 所示。

6. 常用景观中的小尺寸

（1）景观家具。

1）桌台类。人坐着使用的桌台高度在 390~420mm 之间，高度小于 380mm，人的膝盖站立困难；高度大于 500mm 时，大腿受压，很不舒服。桌台面的最佳高度略低于人的肘部，一般在人的肘下50mm。

2）座椅类。椅子设计常用尺度：

a. 椅座前缘距地面 390~420mm，距桌面 290mm。

b. 从座椅前端到桌面的垂直高度最好为：230~305mm。

c. 坐面前后的深度尺寸为 406~478mm。

d. 椅子的宽度为 406~560mm。

e. 坐面与水平面的夹角为 0~15°。

f. 靠背与水平面的夹角可为 90~105°。

g. 腰部支撑的中心高于坐面 240mm。

h. 椅背高为 635mm，能支撑肩膀；为 915mm。可以支撑头部。

i. 扶手间距 483mm，扶手宽 51~89mm。

（2）人体工程学与建筑构配件。

1）安全。楼梯：梯段净宽一般按每股人流宽 0.55+（0~0.15）m确定，一般不少于两股人流。0~0.15m 为人流在行进中人体的摆幅，公共场所人流众多的场所应取上限值。

梯段改变方向时，平台扶手处的最小宽度不应小于梯段净宽。当有搬运大型物件需要时应再适量加宽。每个梯段的踏步一般不应超过18 级，亦不应少于 3 级。楼梯平台上部及下部过道处的净高不应小于2m。梯段净高不应小于 2.20m。

楼梯应至少于一侧设扶手，梯段净宽达三股人流时应两侧设扶手，达四股人流时应加设中间扶手。踏步前缘部分宜有防滑措施。有儿童经常使用的楼梯的梯井净宽大于 0.20m 时，必须采取安全措施。

　　2）室外台阶：踏步宽度不宜小于 0.30m，踏步高度不宜大于0.15m，踏步数不应少于两级。人流密集场所台阶高度超过 1m 时，宜有护栏设施。

　　3）室外坡道：坡道应用防滑地面。坡度不宜大于 1：10；供轮椅使用时，坡度不应大于 1：12，坡道两侧应设高度为 0.65m 的扶手。

　　4）栏杆：出于安全考虑，栏杆高度不应小于 1.05m，栏杆离地面或屋面 0.10m 高度内不应留空；有儿童活动的场所，栏杆应采用不易攀爬的构造。

　　5）卫生间应符合下面规定。

　　a. 第一具洗脸盆或盥洗槽水嘴中心与侧墙面净距不应小于0.55m。

　　b. 并列洗脸盆或盥洗槽水嘴中心距不应小于 0.70m。

　　c. 单侧并列洗脸盆或盥洗槽外沿至对面墙的净距不应小于1.25m。

　　d. 双侧并列洗脸盆或盥洗槽外沿之间的净距不应小于 1.80m。

　　e. 浴盆长边至对面墙面的净距离不应小于 0.65m。

　　f. 并列小便器的中心距离不应小于 0.65m。

　　g. 单侧隔间至对面墙面的净距及双侧隔间之间的净距：当采用内开门时不应小于 1.10m，当采用外开门时不应小于 1.30m。

　　h. 单侧厕所隔间至对面小便器或小便槽的外沿之间净距：当采用内开门时不应小于 1.10m，当采用外开门时不应小于 1.30m。

第 11 章　读书笔记欣赏

　　读书笔记是本书推出的一个景观专业学生的趣味学习活动，旨在提高学生课外对景观手绘方案的总结能力，并有利于景观手绘初学者对方案的积累和对设计素养的提高。下面是一些参加此活动的同学们所完成的读书笔记作品，供大家欣赏。读书笔记的重点不是需要同学们画得多么漂亮，而是在绘制过程中加强对方案的理解和记忆，重点在于积累，想要了解更多关于读书笔记的内容，可以扫描下方二维码，真心期待您的参与。

1. 巴塞尔诺华药草园

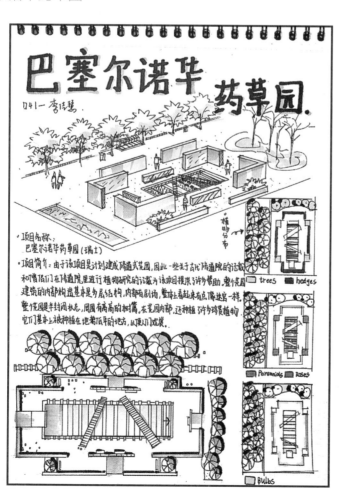

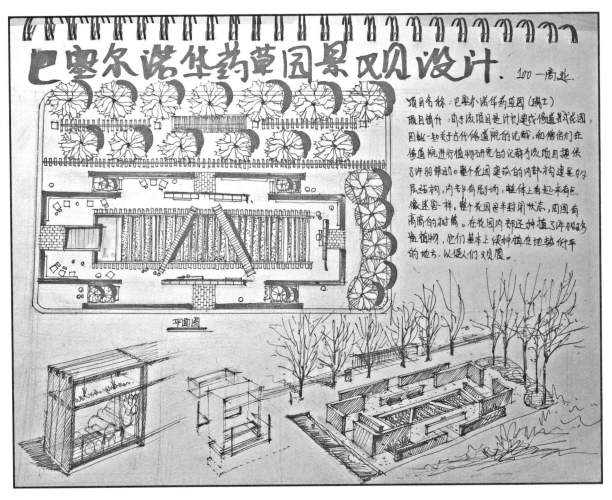

巴塞尔诺华药草园景观设计 100-高远

项目名称：巴塞尔诺华药草园（瑞士）

项目简介：由于该项目是计划建成修道院式花园，因此一些关于古代修道院的记载，和僧侣们在修道院进行植物研究的记载为该项目提供了许多帮助。整个花园建筑的内部构造是9层结构，内部有剧场，整体上看起来有点像迷宫一样。整个花园是半封闭状态，周围有高高的树篱。在花园内部还种植了许多珍贵植物，它们基本上被种植在地势低平的地方，以便人们观赏。

平面图

2. 旧金山雕塑庭院

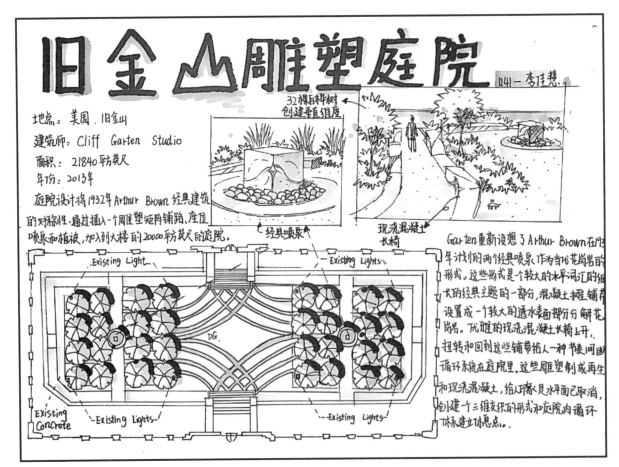

旧金山雕塑庭院 041-李佳慧

地点：美国，旧金山
建筑师：Cliff Garten Studio
面积：21840平方英尺
年份：2013年

庭院设计将1932年Arthur Brown 经典建筑的对称性，通过插入一个雕塑矩阵铺路，座位、喷泉和植被，加入到大楼的20000平方英尺的庭院。

32棵白桦树创建垂直维度

经典喷泉

现浇混凝土长椅

Garten重新设想了Arthur Brown在1932年设计的两个经典喷泉作为当代花岗岩的形式。这些形式是一个较大的水平词汇的细大的经典主题的一部分，混凝土矩阵铺设设置成一个较大的透水表面部分分解花岗岩。低雕的现浇混凝土长椅上开、扭转和回到这些铺带给人一种节奏间断循环系统在庭院里。这些雕塑制成再生和现浇混凝土，给人印象是水平面已取消，创建一个三维支架的形式和庭院内循环体系建立休息点。

Existing Light
Existing Lights
Existing Concrete
Existing Lights
Existing Lights
DG.

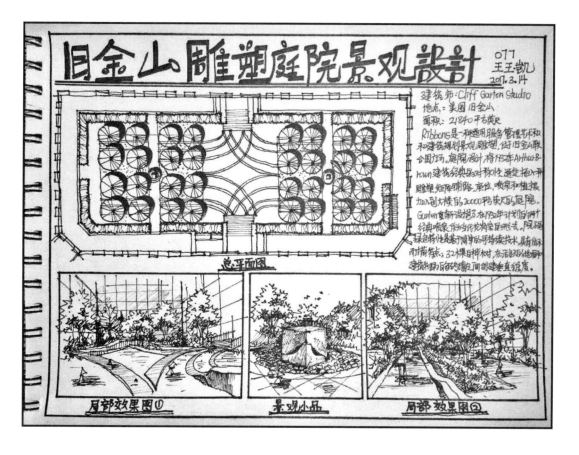

3. 秦皇岛汤河公园

4. 杭州卓越蔚蓝领秀项目展示区

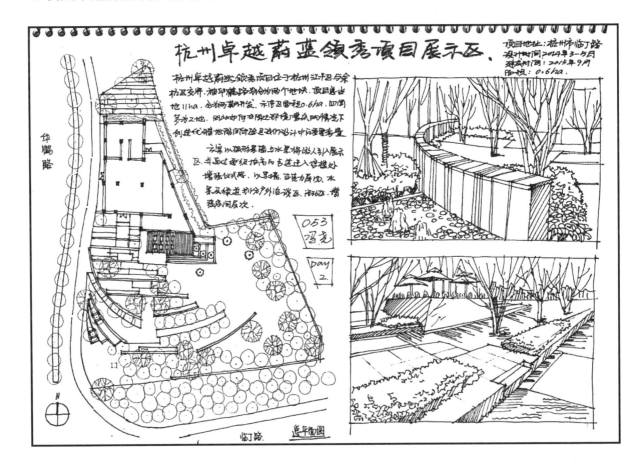

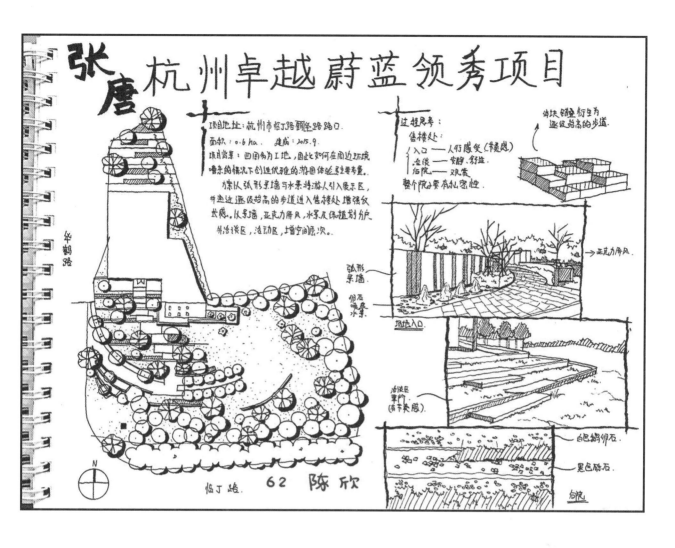

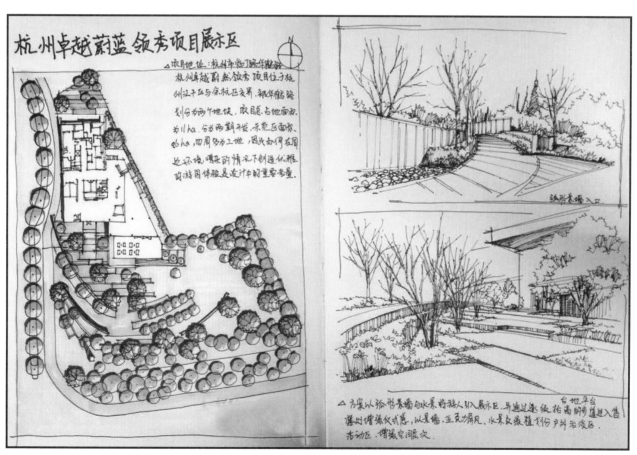

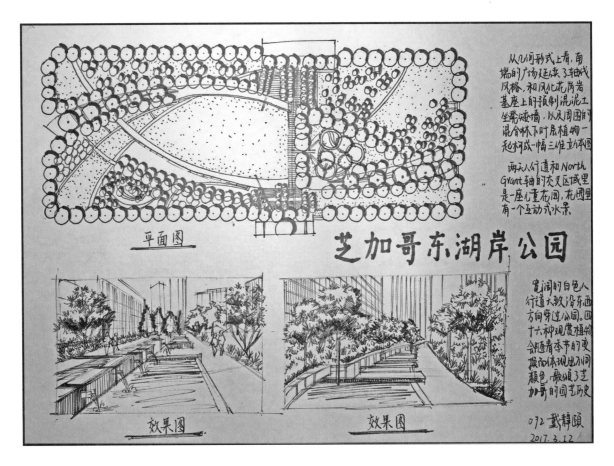

平面图

芝加哥东湖岸公园

效果图

效果图

072 武静颐
2017. 3. 12

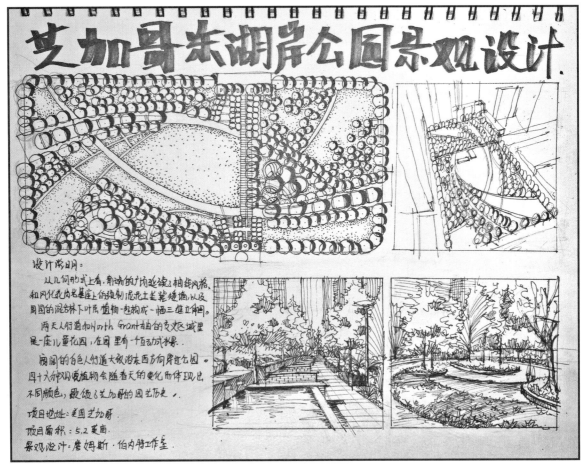

芝加哥东湖岸公园

大禹手绘系列丛书　景观手绘教程

△项目地址：美国芝加哥
项目面积：5.2英亩
景观设计：詹姆斯·伯内特工作室

△简介：东湖岸公园被当地开发商为"城市中心的乡村"，是为芝加哥的人们建造的，致力于吸引各界人士前来。这个规划包括住宅、商业、零售空间以及小学。它的目的在于满足人们对所有不同空间的需求，这样做也成为世界上著名的芝加哥公园体系的核心，和历史上的千禧公园相媲美。

△亮点：①设计方案提供一个可以俯瞰整个公园的视角，并且强化了与格兰特公园有连接轴线。
②铺装材料与广场北邻结合，运用了相折的石材，铺装讲究几何图案的拼接。
③用多达46种植物种类为公园提供了季节性的色彩变化，并突出公园历史元素。

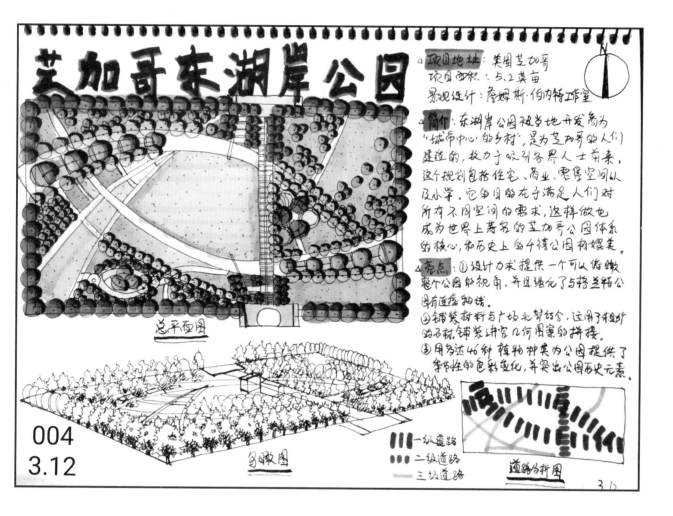

总平面图

鸟瞰图

||| 一级道路
||| 二级道路
- - - 三级道路

道路分析图

004
3.12

大禹手绘培训机构

　　大禹手绘培训机构是全国唯一一家由建筑老八校和美院老八校毕业生为师资力量的手绘、考研专业培训机构，是具有建筑院校和艺术院校双重优势的培训机构。自2009年成立以来发展至今，一直注重于手绘艺术与设计的结合，这一办学思路更是根植在大禹的所有课程之中。

　　现大禹手绘共有5大校区：北京、西安、武汉、郑州、重庆。仅在2016年暑假培训中，五大校区共招生人数近6000人。在建筑学专业，大禹仅2017年上半年便招生近3000人，参与大禹独家创办的线上建筑手绘游戏者超3000人，大禹手绘无疑已成为中国规模最大、满意度最高的专业手绘、考研培训机构。

大禹手绘系列丛书

  大禹手绘系列丛书是大禹手绘培训机构基础部的金牌教师们通过多年的手绘教学经验，总结而出的设计类各专业的权威手绘教程，同时也是大禹手绘培训班的课上辅导教材。丛书共包含 4 册：建筑手绘教程、规划手绘教程、景观手绘教程、室内手绘教程。经过大禹手绘老师们长时间的积累探索，大禹手绘基础培训正在慢慢向实战型手绘培训发展，在注重基础手绘的同时更注重其实际运用，"学以致用"一直是此系列丛书的指导思想，让学生通过本书的学习，学到的功夫不仅仅停留在会使用花拳绣腿似的花招数上，更重要的是提升其方案生成能力和图面表达能力，这才是设计类学生最不可替代的硬本领。

  本系列丛书可供建筑、规划、景观、室内等设计相关专业低年级同学了解手绘、高年级同学考研备战，也可供手绘爱好者及相关专业人士参考借鉴，使学习、考研、工作三不误。

建筑手绘教程   规划手绘教程   景观手绘教程   室内手绘教程